数据之力技术丛书

PRINCIPLES AND PRACTICE OF DATA BLOODLINE ANALYSIS

数据血缘分析原理与实践

成于念 赛助力 ◎ 著

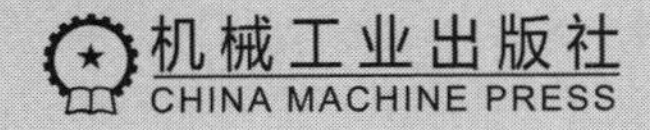

图书在版编目（CIP）数据

数据血缘分析原理与实践 / 成于念，赛助力著. —北京：机械工业出版社，2024.5
（数据之力技术丛书）
ISBN 978-7-111-75701-6

Ⅰ. ①数… Ⅱ. ①成… ②赛… Ⅲ. ①数据管理 Ⅳ. ① TP274

中国国家版本馆 CIP 数据核字（2024）第 085153 号

机械工业出版社（北京市百万庄大街 22 号 邮政编码 100037）
策划编辑：孙海亮 责任编辑：孙海亮 赵晓峰
责任校对：肖 琳 陈 越 责任印制：常天培
北京铭成印刷有限公司印刷
2024 年 6 月第 1 版第 1 次印刷
186mm×240mm · 13.25 印张 · 258 千字
标准书号：ISBN 978-7-111-75701-6
定价：99.00 元

电话服务
客服电话：010-88361066
010-88379833
010-68326294

网络服务
机 工 官 网：www.cmpbook.com
机 工 官 博：weibo.com/cmp1952
金 书 网：www.golden-book.com
机工教育服务网：www.cmpedu.com

“数据之力技术丛书”编委会

“数据之力技术丛书”是由 PowerData 社区组织发起的一套面向数据从业者的专业技术图书，内容涵盖数据领域的前沿理论、关键技术、最佳实践、行业案例等多个维度，旨在深度挖掘与传播数据领域的智慧成果，通过系统化的知识梳理，助力广大数据从业者提升专业技能、拓宽技术事业，实现个人与行业的共同进步。

丛书编委会成员均为 PowerData 社区核心成员，他们来自大数据领域的工作前沿，就职于不同互联网大厂。他们以开源精神为指导，秉承社区“思考、交流、贡献、共赢”的价值观，为丛书的出版提供专业且富有深度的内容保障。

前 言 *Preface*

创作本书的初衷

我们发现，近年来，国内企业数字化程度节节高升。企业最初只是进行简单的数据线上化记录，后来发展到用数据做分析，用数据做决策，到现在用数据实现企业智能管理。随着技术的不断迭代更新，企业对数据有了更高的应用需求。越来越多的企业发现了数据潜在的巨大价值，加之数据被国家定义为新型的生产要素，这些都必然促使企业更加重视数据管理，追求更加准确完整的数据，以应对日益透明和激烈的市场竞争，提升企业的工作效率。要用好数据，就需要提高数据质量，而要提高数据质量，就必然会用到数据血缘分析。

数据血缘是近年来比较热的话题，从事数据相关工作的人员越来越注重数据血缘的价值和影响。但是数据血缘分析入门门槛较高，市面上相关的图书也比较少，这就导致很多从业者对数据血缘认知严重不足，比如我们经常看到有人会就数据血缘的定义、作用争吵不休，就更别提把数据血缘分析充分利用起来的方法论了。数据血缘的本质是什么？数据血缘的应用场景是什么？如何构建数据血缘分析系统？如何把数据血缘分析落地到数据管理工作中？这些成为当前急需解决的问题。作为多年的数据治理从业者，我们研究数据血缘很多年了，并且形成了自己的方法论。我们的方法论在多家公司进行过分享和实践，都取得了很好的效果。看到行业内存在上述痛点，我们产生了撰写这本书的想法。

读者对象

本书适合数据管理方向的从业者，包括数据治理人员、数据产品开发人员、数据资产/资源评估或管理人员、IT 咨询顾问、数据架构师、系统分析师、商业智能架构师、信息化咨询顾问阅读。

本书亮点

要想真正做好数据血缘分析，并最终实现数据质量的提升，就必须从原理层面理解数据血缘的本质，掌握数据血缘分析的根本逻辑；要想真正把数据血缘分析落地到实际工作场景中，就必须给出可落地的数据血缘分析系统构建方法，给出落地到具体工作场景的具体指导，给出相关的工具。本书就是这样一本理论和实践兼备的图书。

原理层面，本书首先集中对数据血缘的本质、数据血缘的应用场景、数据血缘中的数据进行深度剖析，然后在后面的实践部分，也尽量先从原理层面对相应操作或产品进行本质分析；实践层面，本书不仅给出了数据血缘分析系统建设的方法论，还结合应用场景和典型案例对数据血缘分析落地方法进行了深入阐述。为了帮助初级读者快速把数据血缘分析用起来，本书甚至可以让读者按照书中的步骤操作，就搭建起自己的数据血缘分析系统。

本书主要内容

本书分为 5 篇，包括概念篇、建设篇、技术篇、案例篇和展望篇。全书采用由浅入深的介绍方式，从原理和实践两个角度对数据血缘及数据血缘分析进行深度剖析。其中概念篇主要带领读者整体认识数据血缘，揭开数据血缘的神秘面纱；建设篇重点介绍数据血缘分析系统的建设方法及步骤；技术篇介绍与数据血缘相关的技术及其应用方法，这是提升数据质量的关键，数据治理、数据资产管理相关人员需要重点关注这部分内容；案例篇对互联网、服务、制造、零售快消这几个具有代表性的行业的数据血缘落地案例进行深度解读，重点介绍优秀企业如何基于数据血缘进行数据管理；展望篇对数据血缘未来的价值和应用方向进行了预测。

致谢 Acknowledge

本书撰写历时整整 3 年，在这个过程中我们经历了开心、痛苦、迷茫……有时会因为灵感迸发感到兴奋，有时会因不知如何下笔感到苦恼，有时则会因要反复修改而感觉身心疲惫。当然，随着本书的出版，我们有的更多的是一种“怀胎十月”终于有了成果的幸福感、成就感。

在这里要感谢帮助我们完成本书的所有人。不知道有多少个夜晚，都有朋友在与我们通过语音或者视频讨论书中细节和内容的修改。如果没有大家的帮助和支持，就不会有本书的成功上市。

最后，也是最重要的，我要感谢我的父亲，感谢他对我的培养和无微不至的照顾，感谢他在本书写作过程中给予我的支持。当然，这本书也要献给我的母亲（汪惠玲），她是我最大的精神支柱。如果没有父母的鼓励，很难想象我能坚持完成本书的创作。希望我能成为你们的骄傲。

——成于念

关于本书，我最想说的应该是“感谢”，我想衷心感谢那些无私帮助我的领导和同事们。没有你们的鼎力支持，这本书就无法问世。

深深感谢我的搭档成老师。我们曾无数次讨论书中的内容，那些情景历历在目，为我留下了珍贵的回忆。感谢本书的编辑孙海亮老师，您的智慧和洞察力是本书的重要财富。

我还要衷心感谢那些无私支持我、为我付出的家人和朋友们。你们是我生命中的贵人，是我前进道路上坚实的支柱。没有你们的鼓励和理解，我无法完成本书的撰写工作。

在这本书中，我融入了自己多年的项目经验，希望我在数字化项目实践中获得的经验，能为那些坚守数字化工作的读者带来启发和指引。这些经验对我来说意义深远，如能对大家也有所帮助，我将万分高兴。

——赛助力

目 录 *Contents*

建设篇

技术篇

展望篇

概念篇

本篇主要讲解数据血缘相关概念，分为两章。

第 1 章首先对企业数据治理面临的各类问题进行剖析，覆盖互联网行业、能源化工行业、装备制造行业、零售行业和建筑行业，由此引出数据血缘的意义；然后深入分析数据管理、数据血缘、数据血缘分析和数据血缘可视化的概念和本质，指出数据血缘的五大特征，并分析了与数据血缘有关的概念；最后明确数据血缘可为企业带来的四大价值。

第 2 章重点介绍数据血缘的组成部分，包括元数据、主数据、业务数据、指标数据，这些数据因为自身的一些特性，在数据血缘分析中也有不一样的特点，如何通过数据血缘管理好这些数据是第 2 章要探讨的主要内容。

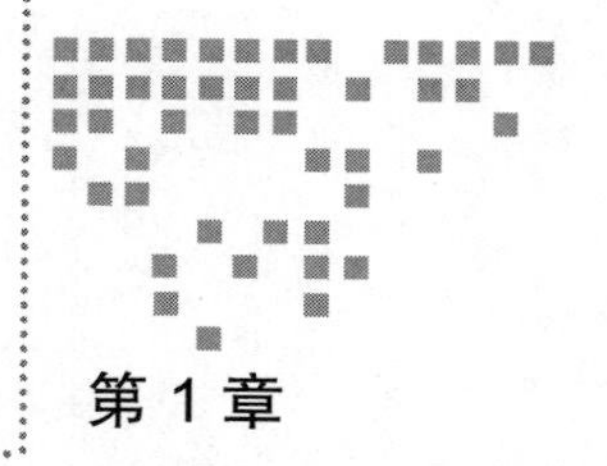

Chapter 1　第 1 章

走进数据血缘

本章从各行业目前面临的数据相关问题以及现有的业务挑战角度进行阐述。数据作为新的生产要素，在企业发展过程中具有重要作用。如何解决现有的数据问题，让数据发挥最大的价值，是我们一直讨论思考的问题。这也是越来越多的人使用数据血缘分析技术的原因之一。

目前关于数据的专有名词五花八门，读者很容易混淆。本章将对数据血缘与其他专业名词进行对比区分，为数据血缘下一个明确定义。希望读者通过本章能掌握数据血缘的基本概念、特征及其价值。

1.1 企业目前面临的问题与挑战

在当今科学技术快速发展的阶段，人们提出以数据驱动的方式进行业务变革和商业模式创新。这一理念提出来后，绝大部分企业投入到了数字化转型的工作中。但是，面对“云大移物智”（云计算、大数据、移动互联网、物联网、人工智能）这些新一代数字技术，如何通过数据驱动业务变革和商业模式更新，这又变成了企业面临的新问题与挑战。

摆在企业面前的难题是如何利用数据。企业往往会审视自己的数据管理问题，例如数据安全、数据质量、数据治理体系保障等。尽管目前围绕着数据有层出不穷的新名词，例如数据中台、数据湖、数据沼泽、数据资产……但是万变不离其宗，企业面临的挑战就是如何高效快速地梳理出干净数据，通过合适的技术手段，以数据驱动业务的方式进行业务变革和商业模式更新。

接下来对互联网行业、能源化工行业、装备制造行业、零售行业、建筑行业中面临的数据相关问题进行探讨，当然以下问题并非只局限于某一个行业或是某一个领域，任何一家企业都会存在这类问题。

1.1.1　互联网行业：数据安全面临严峻挑战

互联网行业是基于互联网技术发展起来的行业，目前已成为重要的生产行业。传统的互联网行业是单一的网络信息行业。2015 年国家提出“互联网 +”政策，强调利用互联网技术改造传统行业，提升传统行业的效率，这就是互联网创新 2.0。“互联网 +”是一种新的经济形态，可充分发挥互联网在生产要素配置中的优化和集成作用，将互联网的创新成果深度融入经济社会各领域，提升实体经济的创新力和生产力，形成更广泛的以互联网为基础设施和实现工具的经济发展新业态。近年来，传统企业纷纷依托互联网技术，催生出了越来越多的互联网业务，实现了数字化转型，极大地提高了企业生产效率。同时，国内也出现了很多优秀的互联网企业。

随着数字化的快速发展，新一代的技术和应用不断涌现，并在各个领域广泛落地。然而，这也给互联网安全带来了新的挑战，简单的安全问题升级为复杂的安全问题。数字化的本质在于将世界转换为软件定义的形态，而随着万物互联的发展，企业上云和互联网的普及导致了网络边界的模糊化，这使得针对虚拟世界的攻击有可能转换为对现实世界的伤害。

传统企业面临的安全问题可能更容易掌控，但是结合互联网技术，在高度使用数据的情况下，企业面临的不再是单纯的设备安全、消防安全、信息安全等问题，数据安全[⊖]成为需要高度重视的问题。

我们需要在数据安全治理的过程中，对数据进行溯源和价值评估。数据溯源可以帮助数据管理者理清数据脉络，形成数据图谱，协助构建数据安全管理体系，或追踪数据泄露节点、数据风险节点等。数据价值评估可以辅助数据分类分级体系建设，指导数据的分级管控和保护。

综上所述，随着数据量日益增大，数据安全的损失变得越来越高，如何利用更好的技术去实现安全体系的正常运行，是当前企业在数据安全方面需要解决的重点问题。

⊖ 数据安全：数据处理系统采用的技术和管理层面的安全保护措施，主要用于保护计算机硬件、软件和数据不因偶然或恶意的原因遭到破坏、更改和泄露。由此计算机网络的安全可以理解为通过采用各种技术和管理措施，使网络系统正常运行，从而确保网络数据的可用性、完整性和保密性。所以，建立网络安全保护系统的目的是确保经过网络传输和交换的数据不会发生增加、修改、丢失和泄露等。

1.1.2 能源化工行业：数据共享互通能力待加强

由于原料、产品的多样性及生产过程的复杂性，每一个能源化工企业都拥有一套极其严格的系统化流程，因此在通过数字化转型完成企业管理升级的过程中会遇到各种实际问题，包括生产、研发、运营、人员管理等方面的问题。例如，电力生产运行是一个非常复杂的过程，包含“发、输、变、配、用”等多个环节。随着行业数字化、智能化建设不断深入，电力设备监测、电网运行、企业经营管理等各个环节产生的数据呈指数级增长。面对爆炸式增长的数据，通过大数据技术指导电力企业开展生产、运营、管理、决策的需求愈发旺盛。

例如，从供应链角度可以明显看出，石油石化行业上下游覆盖面非常广，涉及原油采购、运输、炼化生产、仓储物流、销售等多个环节。根据相关数据显示，目前我国石油石化行业的原油和天然气依赖进口的程度仍然较高。在当前国际原油价格大幅度波动、供应链成本压力持续加大的背景下，石油石化企业就需要提高供应链的敏捷性和灵活性，以实现对上下游市场变化的快速应对。

解决以上问题的关键就是加强数据共享互通的能力。只有将供应链上下游的数据做到实时互通共享，将企业内部各个业务环境的生产经营数据拉通，才能迎合能源化工行业的发展趋势。但是目前传统企业在数据共享互通方面的能力还有所欠缺，具体表现在以下两点。

- **网络环境中的数据共享互通存在安全隐患，数据共享互通并非完全开放，需要遵循共享规则**。例如对数据采取分级分类的共享要求，明确哪些数据是可以公开宣传和共享，可以让企业员工或者社会公众浏览下载的，哪些数据是需要进行审核才能浏览和使用的。过去，我们申请查看某项数据，走 OA 线上审批，实际也存在很大的隐患。另外，网络病毒等的非法侵扰也使得数据共享互通要更加小心，需要避免核心高价值数据在共享互通过程中被非法访问甚至黑客入侵。除了做好数据安全管理外，在共享互通过程中也需要进一步加强防范。但是也不能因为数据共享互通存在安全隐患，就杜绝数据拉通共享。
- **数据缺乏标准难以共享互通**。不单单是能源化工，大部分传统企业在信息化建设初期都是“烟囱式”地建立各个系统，忽视了业务与业务之间、系统与系统之间的联系与数据共享，因此不可避免地导致不同部门之间的数据口径和标准不一致。因为业务数据的含义、指标的定义、表示方式、录入要求和代码都不一致，所以数据共享互通的目标就无从谈起了。

综上所述，由于存在网络安全问题，特别是数据标准缺失，造成了很多传统企业无法进行有效数据共享互通，在应用系统间形成的“数据孤岛”是当前企业信息化建设亟待解决的主要问题。

1.1.3　装备制造行业：产品数据采集难

当前，智能装备制造已初步形成以高档数控机床、基础制造装备、自动化生产线、智能检测与装配装备、智能控制系统、工业机器人等为代表的产业体系，在国内外战略不断落实，5G、物联网等新兴技术创新发展的背景下，智能装备制造行业的发展趋势也愈加清晰。

传统装备制造要转向智能装备制造，就必须在生产过程中将智能装备通过通信技术有机地连接起来，实现生产过程的自动化。同时，利用各类感知技术收集生产过程中的各种数据，并通过工业以太网等通信技术将这些数据上传至工业服务器。这些数据将在工业软件系统的管理下被处理和分析。最终，这些数据与企业资源管理软件相结合，提供最优化的生产方案或定制化生产方案，从而实现智能化生产。

传统装备制造想要迈入智能装备制造时代，关键之一就是数据采集，这也是传统装备制造行业的痛点，数据采集的具体问题如下。

- **数据采集不完整**。自动化装备品类繁多，厂家和数据接口各异，国外厂家对本地企业支持有限。即便产品停机数据实现了自动采集，也不等于获得了整个制造过程数据，只要还有人工参与的环节，获得的数据就不完整。
- **采集的数据类型繁多**。互联网的数据来自用户和服务器等网络设备（主要为文本数据、社交数据、多媒体数据），工业数据来自机器设备、工业信息化过程和产业链，包括文档数据、信息化数据、视频数据、图像数据、音频数据、遥感遥测信息、三维高程信息等，这么多数据类型无疑加大了采集难度。
- **采集技术存在难点**。很多企业对生产数据的采集主要依靠传统的手工作业方式，采集过程中容易出现人为记录错误，并且采集效率低下。有些企业虽然引进了相关技术手段（如传感器、RFID 技术等），并且上线了数据采集系统，但是由于系统本身可能存在问题，以及企业没有选择最适合自己的数据采集系统，因此无法保障数据采集的实时性、精确性和延伸性，各单元会出现信息断层的现象。

综上所述，在国内外竞争激烈的大环境下，利用数据提升企业的核心竞争已经是主流趋势。受限于传统装备制造数据采集的难点，如何利用技术高效采集数据，确保数据质量，是企业面临的重要问题和挑战。

1.1.4　零售行业：数据分析势在必行

在数字化环境下，零售行业野蛮生长成为历史，并正在回归理性。面对移动互联网、消费升级、新零售重构带来的挑战，零售行业的数字化转型迫在眉睫。

- **流量红利增长受限，存量运营日趋重要**。2016—2020 年中国网民规模，尤其是移动网民规模逐年递增，但 2020 年之后增速放缓，这一方面驱使零售企业重视线上渠道；另一方面说明流量红利向上增长空间受限，零售企业应重视对存量用户的运营，深度挖掘用户全生命周期价值。
- **平台获客成本攀升，用户需求分析势在必行**。随着获客成本升高，企业经营及营销压力不断增加，加之零售业以用户为王，所以关注用户需求势在必行。根据中国百货业协会的调研可知，百货店收集消费者数据的用途集中在了解用户偏好与精准营销方面，以求为用户提供更具个性化的产品及服务。

零售行业迫切需要拥有数据分析能力，包括对问题进行定位分析、差异分析、指标波动分析。分析技术最关键的是对元数据对象关联的其他对象或参与过程、不同元数据对象之间的关系进行分析，以求在发现指标出现较大波动时，可进行溯源分析，判断是哪条数据引起的变化。分析技术是否能快速确定，数据分析结果能否让人信服，分析方法是否能起到立竿见影的效果，是零售企业面临的重要问题与挑战。

1.1.5 建筑行业：大数据治理能力亟须提升

从国家统计局公布的建筑行业相关数据看，无论是建筑开发投资同比降幅比上月继续扩大，还是房价环比下降城市比上月继续增多，均表明整个建筑行业仍然处于下行过程中。但也应该看到，各地“一城一策”促市场企稳举措不断落地，效果逐步显现，我们对建筑行业的平稳健康发展应有乐观积极的态度。但是相对而言建筑行业数字化程度不高，无论是国家政策层面推动还是产业自身发展需要，建筑产业数字化转型都已经成为行内共识。可数字化转型怎么做，依然困扰着产业各方。目前，建筑行业的企业数字化转型面临的挑战如下。

- **开发建造过程全面数字化难度大**。建筑行业具备“开发 – 设计 – 测算 – 建造 – 交付 – 运营”的长链条属性，涵盖主体众多，数字化落地较为困难。此外，建筑行业的大部分业务流程具备强线下属性，无法完全迁移至线上。
- **多业务协同部门的数据治理困难**。建筑行业以项目制为主，如何统一不同项目的指标信息，如何标准化项目的业务环节，如何建立标准、准确、精简的数据系统，使数据治理能够覆盖到项目、产品、客户，并形成有效的共享、联动与反馈机制，是建筑行业数字化首先面对的难题。
- **数字化建设中忽视技术与业务的融合**。许多建筑行业的公司在数字化建设过程中一味追求强大的技术与平台，却忽略了技术与业务的融合，公司内部技术人员与业务人员之间存在较高的认知壁垒，造成“懂技术的不懂业务，懂业务的不懂技术”的尴尬局面，从而大大降低了数字化转型的效率。

- **建造过程仍需大面积推广和深度应用**。在实际施工阶段，数字化管控应用和建筑行业本身难以进行很小颗粒度的工程项目精细化管理有冲突。建造行业的数字化和建筑信息模型（BIM）应用程度不高，同时 BIM 前期建模比较花时间和人力，难以匹配住宅高周转、赶周期的设计需求。基于地产数字化尚处于起步阶段的大背景和智慧建造本身面临的一些行业痛点，智慧建造真正大面积推广和深度应用还需要较长时间。

上述 4 个难点与挑战，实际上是建筑行业的共性问题。要解决这些问题，就必须从数据治理体系建设下手，只有先夯实数据基础，才能进一步对业务过程进行数字化转型改造。作为传统行业，过往粗放型的数据管理方式显然已经不能支持现有目标的实现，数据治理能力亟待提升。

1.1.6　从问题和挑战中找解决方案

数据价值的体现，一定是建立在整条数据链路的高效率和高质量基础上的，没有有效的数据治理工作，就无法打造数据创造价值的基础和系统能力，在数据应用层发展到一定阶段时，必然会受到制约，遇到瓶颈，数据的维护成本急速上升，数据应用层每前进一步都会越来越难。

通过数据治理首先可以实现数据标准化，通过对数据的标准化定义，明确数据的责任主体，为数据安全、数据质量提供保障；其次，解决数据不一致、不完整、不准确的问题，消除可能存在的对数据的理解偏差，降低各部门、各系统的沟通成本，提升企业业务处理的效率；最后，标准的数据及数据结构能为新建系统提供支撑，提升应用系统的开发实施效率。通过数据治理，可以完成对数据的集中清洗和标签定义，形成企业的主权数据，这些数据可以作为企业的战略资产，企业将进一步提升数据资源的存量、价值，以及对其分析、挖掘的能力，最终提升企业的核心竞争力。

数据治理是一个长期工程，企业如何具备关键技术并且“多快好省”地完成治理工作，是企业需要探索和思考的一个关键问题。

无论是互联网行业的数字原生企业还是传统行业的非数字原生企业，都期望通过云计算、大数据、人工智能技术来推动企业的发展。事实上，越来越多的企业从以物理世界为中心的构建方式转为以数字世界为中心的构建方式。在构建的过程中，以上各个行业遇到的各种数据问题，本质都是缺乏以软件和数据平台为核心的数字世界入口，从而造成了在构建数字世界的过程中各个企业之间的显著差异。因此，我们需要找到合适、高效的技术，或者说一种数据管理思维，去更好地建立数字世界并管理数字世界的全量数据。

基于以上市场化的实际应用需求，急需一套能够准确定位数据与数据之间关系的方法，这时数据血缘应运而生。数据血缘不仅是一类技术，也是一种方法，更是一种数据管理思维，它的成功运用将在很大程度上解决企业数据管理遇到的多类难题。

1.2 揭开数据血缘的面纱

在揭开数据血缘的面纱之前，本节将先给出数据、数据管理的基本定义，然后将对“数据血缘”“数据血缘分析”“数据血缘可视化”等概念进行定义。在明确定义后，再对数据血缘的特征进行分析，并分析这一技术能带来的应用价值。本节还将介绍数据血缘的应用在实际工作中能够解决哪些问题。

1.2.1 什么是数据和数据管理

数据是记录并保存客观事件的一种符号，是客观存在的资源。数据就像空气一样无处不在。按覆盖量来分类，数据可以分为以下几类：基础数据、参考数据、主数据、事务数据、指标数据。准确、及时、完整的数据可以看作一种资源，数据资源越来越受到人们的重视。

2020 年 4 月 9 日，中共中央、国务院发布了《关于构建更加完善的要素市场化配置体制机制的意见》，意见中将数据定义为一种新型生产要素，与土地、劳动力、资本、技术要素并列为五大生产要素。随着国家政策的逐步落地，数据作为一种组织资产已经势在必行，数据已经成为每家企业在未来必须要拿下的高地，管理好数据资产的企业才能应对未来市场的变化，才会更有市场竞争力。

数据管理是伴随着信息化到数字化进程发展推进的。在企业未普及计算机时，早期的数据都是使用线下文本记录留存的，数据查询使用不仅费劲而且容易丢失。1951 年第一批计算机开始商业化生产，计算机从实验室出来并走向社会，由单纯为军事服务逐步转变成为社会公众服务。政府、企事业单位的数据逐步由线下记录转为线上存储，但此时更多的是以简单的数据登记运算和保存为目标，各类数据依旧相互独立，这一阶段属于信息化发展阶段。当线上数据逐步增加，现代企业管理精细化逐步形成之后，对数据管理提出更高的需求，数据不仅要记录，还要在组织内部共享，数据之间要相互调用，以提升组织内部效率，这就是数字化发展初级阶段。随着一些先进的国际企业管理思维及流程逐步被国内企业应用，人们认识到数据流通的真正价值。比如员工数据，在人力部门收集后，就可以在企业内被不同的部门调取使用，无须重复收集登记。

如今，数据的价值日益凸显，我们需要更多的技术来对数据进行分析。如果只停留在粗放式的使用上，将无法满足企业管理要求。我们可以通过不同的渠道收集客户数据，例如网站搜集、线下登记、市场活动推广等，通过对这些客户数据收集渠道进行分析，能够有效定位出客户的运营方式：精细化管理每一位潜在客户的信息来源，降低企业无效成本，提高企业前期的推广效率，这就是数据精细化管理的价值。而这一切如何高效及标准化落地，这就是本书的重点内容了，即企业数据管理的精细化思维和方法，以及企业数据血缘管理。

随着越来越多的企业将数据纳入资产管理范畴，企业势必需要对数据进行精细化管理。对数据进行精细化管理，首先就是梳理清楚数据与数据之间的交错关系。数据通过生产、转换、流通和加工，又会生成新的数据，这种变化复杂无序。针对这些错综复杂的数据，在管理的过程中经常会遇到以下问题。

- 表中的数据是从哪里来的？
- 一些需求发生变化，需要对源数据表进行修改，但修改哪些表？修改表时会对哪些应用造成影响？

以上问题归纳起来，体现在数据管理中主要涉及以下 3 个难点。

- **数据对象间的关系难以展现**。用于管理数据的数据中台按照数据主题域可分为基础层数据主题域、公共层数据主题域、应用层数据主题域 3 层。各层主题域的数据之间相互关联，纵横交错，但管理者无法直观地看到各主题域的数据之间的演化过程，只能看到数据最后的静态结果，无法知道整个数据加工过程，因而很难对数据信服。
- **数据质量可追溯性**。数据质量问题的产生，需要逐级查询，特别是针对多个元数据加工出来的复杂数据，如一个数据是基于多个元数据加工形成的，若其出现问题，我们很难直观快速地判断出具体是哪一个数据产生的问题。
- **数据影响定位**。对于大型企业来说，随着企业数据应用的深入，自身数据系统可能有上百个，当数据源发生变化时，很难快速评估数据源的变化会导致哪些下游系统受到影响，因为我们很难快速找出这些数据覆盖的业务场景范围，从而提前做出数据预测并给出解决方案。

要解决上述数据管理问题，就需要具备数据管理精细化的思维和专业能力，数据血缘的梳理以及数据血缘工具的应用能很好地提升这方面的专业能力。数据血缘核心要求是梳理清楚数据与数据之间的关系、从数据生产到消费全过程的关系，形成一张数据血缘关系网。梳理数据血缘时我们通常采用手动采集与自动化采集的方式得到血缘信息。业务人员要梳理清楚数据的产生逻辑、数据的使用逻辑以及业务线之间的关联关系，BI 分析师要清晰地知道数据字段的引用及对应关系。

数据作为新型生产力要素已经走上新时代的舞台，数据对于企业的重要性日益凸显，这要求我们必须想方设法深刻研究数据与数据之间的关系，进而极大提升我们对数据的利用率。基于数据血缘的理念，研究数据从哪里来，经过怎样的加工，最终形成什么样的数据，进而得到数据之间的关系，我们称这种关系为数据血缘关系。数据血缘关系和一般的数据关系有着本质的不同，它主要是指数据在产生、处理、流转到消亡的过程中，数据之间形成的一种类似于人类社会血缘关系的数据关系。

1.2.2 什么是数据血缘

“血缘”源自人类社会，指基于婚姻或生育形成的人际关系，例如父母和子女的关系、兄弟姐妹的关系以及其他亲属的派生关系。血缘关系是与生俱来的先天关系，在人类社会的早期就已存在，是最早形成的社会关系之一。血缘关系的远近取决于带有相同遗传基因的概率，可以分为一级亲属，即基因相同的概率为 50%；二级亲属，基因相同的概率为 25%；三级亲属，基因相同的概率为 12.5%。人类的血缘关系是最基本和稳定的社会关系，是无法被外部环境改变的关系。

而数据血缘是人类血缘的延展，英文中称为 Data Lineage。Lineage（血缘）一词通常用于指代血统，意味着“来自祖先的直系血脉”。根据微软公司的定义，Lineage 被翻译为“数据沿袭”。文献中用到的类似“数据血统”“数据血脉”“数据继承”“数据谱系”等词汇，都指代数据血缘。在数据库表和字段中，Lineage 用于追踪经过转换和加工后的数据的源头。例如，Power BI Service 的数据流服务就提供了类似的数据追踪功能。

维基百科对数据血缘的定义：数据血缘包括数据的来源、发生情况以及随时间移动的位置。数据血缘提供了可见性，同时极大地简化了在数据分析过程中将错误追溯到根本原因的能力。

Techopedia 网站对数据血缘的定义：数据血缘是一种数据生命周期，包括数据的来源以及随时间移动的位置，还包括数据在不同过程中产生的情况。数据血缘有助于分析信息的使用方式，并跟踪关键信息。

咨询公司 IBM 对数据血缘的定义：数据血缘用于跟踪数据流随时间的推移而发生变化的过程，它清晰地展现了数据的来源、变化方式以及数据在管道中的最终传送目的地。数据血缘分析工具提供了整个数据生命周期的记录，包括源信息以及应用于任何 ETL 或 ELT 过程的数据转换。这使得用户能够观察和跟踪数据旅程中的不同接触点，从而使组织能够验证数据的准确性和一致性。它通常用于获取有关历史过程的上下文以及将错误追溯到根源。

数据管理软件提供商 Informatica 对数据血缘的定义：数据血缘本质上是帮助确定组织数据来源的过程。它提供持续和不断更新的记录，记录数据资产的来源，以及在组织中的流动方式、转换方式、存储位置、访问者以及其他关键元数据。简单来说，数据血缘回答了“这些数据从何而来，又将流向何方”。它是对数据流的可视化表示，有助于跟踪数据从源头到目的地的路径。它解释了数据流中涉及的不同过程及其依赖关系，其中元数据管理对于捕获企业数据流、跨云和本地数据传输至关重要。

在国内，人们普遍认为数据血缘是数据全生命周期过程中的数据关系，包括数据特征的变化，即数据的来龙去脉，主要涉及数据的来源、数据的加工方式、映射关系以及数据的流出和消费。结合国内外理论基础，笔者认为**数据血缘指在数据全生命周期过程中，一个数据到另外一个数据的继承传递，不同阶段、时点、节点的数据关系的传递，包含数据的来源、数据的加工转换、数据的传递，数据的映射关系等**，如图 1-1 所示。例如在图 1-1 所示的表 1 中，数据 A 流转到表 2 形成数据 B，最终再形成表 3 的数据 C 并提供给用户，那研究数据 B 时，我们清晰地知道数据 B 来自数据 A，然后转换为数据 C，而数据 A、B、C 之间形成了一个关系流向，我们就称之为数据血缘关系。数据血缘关系包括数据库、数据表、数据字段、数据系统、应用程序等之间的关系。数据血缘在很多情况下也称为数据基因、数据沿袭或数据图谱。本书重点讲述的是在数据库下存储的数据表及数据表对应的字段，核心是帮用户在某个节点上看数据时，能清晰地知道该数据从哪里来，要到哪里去。

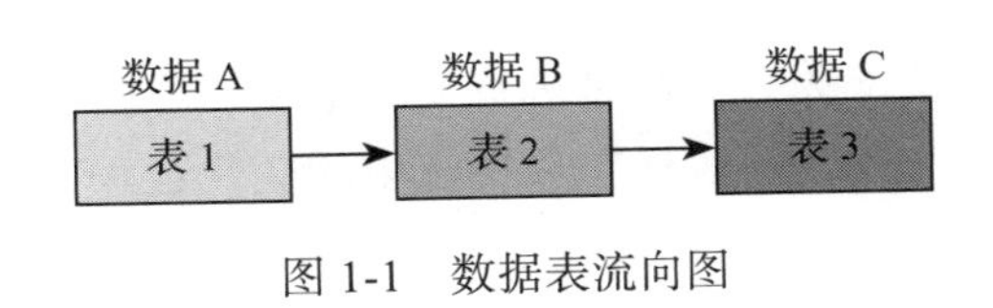

图 1-1　数据表流向图

1.2.3　什么是数据血缘分析

数据分析是指用恰当的统计分析方法对收集来的大量数据进行汇总、理解并消化，以求最大化地开发数据的功能，发挥数据的作用。**数据分析是为了提取有用信息和形成结论而对数据加以详细研究和概括总结的过程，而数据血缘分析就是针对数据中的血缘关系进行分析。**

我们来看下面两个场景。

场景一　假如你要买一辆车，但是你对市场上的车并不了解，需要上网收集一些购车的信息，并对这些信息做分析和筛选。首先根据自己的需求对车的品牌、性能、价位做优先级排序，然后根据自己的预算和需求的优先级选出合适的汽车。这其实就是我们身边最常见的一个数据分析运用场景。

场景二 你是某大型企业的数据分析师，某天早上刚到公司，就收到业务部门领导的消息：我的管理驾驶舱报表数据又不对了，到底哪里的数据发生了变化？你需要给一个答复。你首先查到数据背后关联的指标多达 28 个，与昨晚 ETL 更新的数据做对比，发现其中有 12 个发生了变化，于是你排查了这 12 个数据，发现分别来自 4 个数据源，你分别找到这 4 个数据源的负责人员排查数据为何发生变化，最终找到了数据发生错误的原因，源头 A 录入了错误数据，导致流入管理驾驶舱的最终数据发生了错误。

因为数据来源复杂，对类似问题的排查可能就花费了我们一天甚至更长的时间。于是我们开始思考能否将这些要排查的数据的流向都展示出来，发现异常数据时及时预警并标注。当我们看到某一个数据异常时，就可以通过线上溯源，准确找到和定位具体的数据问题，提高问题解决效率，这样将极大提升终端用户的使用体验。

数据血缘分析中的源头分析主要是针对上游数据信息进行分析，用于追溯数据的来源和加工过程。数据血缘分析中的影响分析是分析下游数据流转信息，用于掌握数据变更可能造成的影响。数据血缘全链分析包含了数据血缘分析和血缘影响分析，用于展现数据的来龙去脉，以及数据全生命周期的变化。

数据血缘分析是一种技术手段，用于全面追踪数据处理过程，以找到与特定数据对象有关的所有元数据对象，并揭示这些元数据对象之间的关系。这些关系主要表示元数据对象之间的数据流的输入和输出关系。通过进行血缘追踪，可以根据整合的数据库或视图，获取结果数据的来源信息，并跟踪数据在数据流中的变化过程，反映原始数据库的更新。数据血缘分析包含以下 3 个方面的内容。

- **来源分析**。来源分析采用图形方式展示了以某个元数据为终点，与该元数据有关系的所有元数据，反映数据的来源与加工过程。使用来源分析可分析数据来源和定位数据质量问题。例如，数据从 A 表变化到 B 表然后再变化到 C 表，仅对 C 表进行来源分析，就会显示出数据来源——A 表。
- **影响分析**。影响分析展示以某个数据为起点，该数据带来的影响。比如，以某元数据为起始节点，在这之后与其有关系的所有元数据均会展示，从而反映数据的流向与加工过程。使用影响分析可分析数据流向、数据转换并进行的错误定位。例如，我们查看 A 表的影响分析时，就会显示完整的数据应用链路，展示流向中哪些表受到影响。
- **全链条分析**。以某个数据为起点，展示该数据之前的数据来源，以及该数据之后的数据流向的全过程。比如以某元数据为起始节点，展示前后与其有关系的所有元数据，反映数据的来源与加工过程。全链条分析重点是分析数据来源和数据质量问题。例如，我们对 B 表字段“项目名称”进行全链条分析时，就会显示该字段的数据来源 A 表和流向的 C 表。图 1-2 所示为全链条分析。

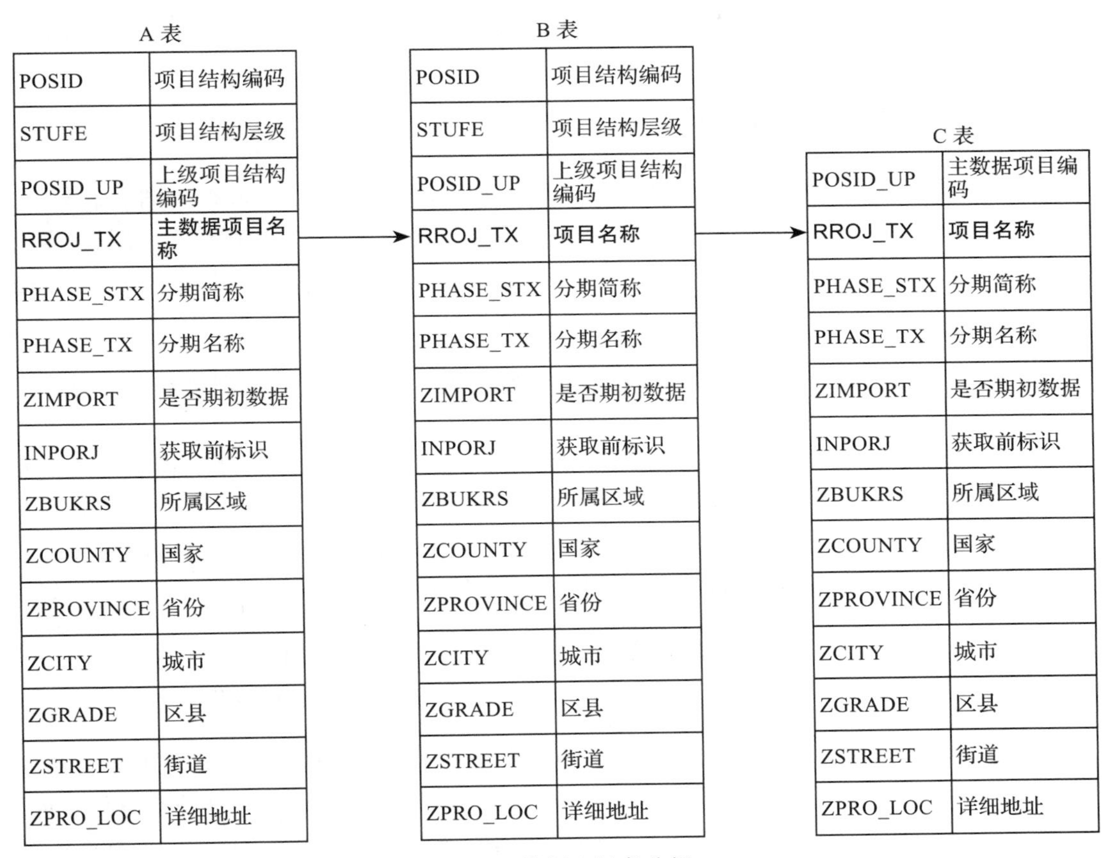

A 表

POSID	项目结构编码
STUFE	项目结构层级
POSID_UP	上级项目结构编码
RROJ_TX	主数据项目名称
PHASE_STX	分期简称
PHASE_TX	分期名称
ZIMPORT	是否期初数据
INPORJ	获取前标识
ZBUKRS	所属区域
ZCOUNTY	国家
ZPROVINCE	省份
ZCITY	城市
ZGRADE	区县
ZSTREET	街道
ZPRO_LOC	详细地址

B 表

POSID	项目结构编码
STUFE	项目结构层级
POSID_UP	上级项目结构编码
RROJ_TX	项目名称
PHASE_STX	分期简称
PHASE_TX	分期名称
ZIMPORT	是否期初数据
INPORJ	获取前标识
ZBUKRS	所属区域
ZCOUNTY	国家
ZPROVINCE	省份
ZCITY	城市
ZGRADE	区县
ZSTREET	街道
ZPRO_LOC	详细地址

C 表

POSID_UP	主数据项目编码
RROJ_TX	项目名称
PHASE_STX	分期简称
PHASE_TX	分期名称
ZIMPORT	是否期初数据
INPORJ	获取前标识
ZBUKRS	所属区域
ZCOUNTY	国家
ZPROVINCE	省份
ZCITY	城市
ZGRADE	区县
ZSTREET	街道
ZPRO_LOC	详细地址

图 1-2　数据全链条分析

数据血缘分析跟踪数据从生产端到消费使用方全过程的数据变化，跟踪这个过程中所有数据转换，对流转过程中产生并记录的各种信息进行采集、处理和分析，对数据之间的血缘关系进行系统性梳理、关联，并将梳理完成的信息进行存储，最终结果用可视化工具进行展示。数据血缘分析可以解决数据多方面问题，如数据信任、数据理解、数据影响、数据合规。数据血缘分析通常需要借助工具或系统展开，见表 1-1。

数据血缘分析通常会按数据血缘的层级进行，层级因业务需求和某些数据特性的不同可能会有差别，常见的分析层级为应用（业务系统）级、数据（表 / 文件）级和字段级。数据血缘分析的目标是实现数据来源的精确追踪、流转过程的准确还原、数据去向的精准定位。

表 1-1 数据血缘分析表

业务线	系统（层）	库	表	字段	下游系统	下游库	下游字段	映射关系	映射逻辑
销售	ODS（可操作数据存储）	trade	ods_trade_detail_di	amount	DW	DWS	amount	sum()	每日 ODS 中的数据通过 sum() 将结果记录到 DWS 中

1.2.4 什么是数据血缘可视化

数据血缘可视化是利用计算机图形学和图像处理技术将数据血缘转换为图形或图像，并在屏幕上进行显示和交互处理的理论、方法和技术。它涵盖了计算机图形学、图像处理、计算机视觉、计算机辅助设计等多个领域，综合了研究数据表示、数据处理、决策分析等一系列问题的综合技术。数据血缘可视化的优点如下。

- **用户接受度更高**。使用图形来表示复杂数据可以使用户更快地理解数据之间的关系，因此也更容易被接受。
- **增强用户互动**。数据血缘可视化能够突出关注点和风险问题。与静态图表不同，可视化应用可以进行动态操作，使数据血缘更加清晰易懂。
- **强化数据关联**。通过数据图表的形式描绘直接或间接关联的数据组之间的关系，可以更紧密地呈现数据之间的各种联系方式。

在完成数据血缘分析后，需要依靠可视化技术将分析结果清晰直观地传递给用户，帮助他们进行二次分析和具体应用。数据血缘图谱是血缘分析中常用的可视化方案之一。

业务需求的差异将决定数据血缘分析的层次和数据血缘层级的差异，这些差异会在数据血缘图谱中得到体现。因此，数据血缘图谱可能需要根据不同的血缘层级进行分层展示，以直观地展示应用级、数据级和字段级之间的数据血缘关系。在具体应用中，虽然业务需求和可采集分析的血缘信息会影响数据血缘图谱的呈现方式，但各类数据血缘图谱的整体形态基本一致。比如，可以以某个数据为核心节点，展示该节点的数据来源、数据去向、流转路径以及路径中的处理方式。

因此，数据血缘图谱应至少包含以下元素。

1）**数据节点**：标记数据的具体信息，例如所有者、层次信息、终端信息等。根据不同的数据血缘层级和业务需求，数据节点的信息可能有所差异。根据数据类型的不同，数据节点可以分为以下几类。

- **主节点**：主节点是数据血缘图谱的核心，代表当前需要研究的数据。它位于图谱的正中心，围绕它展现数据的血缘关系。可视化时，我们只看到与该主节点相关的血缘关系，而与该节点无关的血缘关系不在图形上展示，以确保图形简洁清晰。

- **数据流入节点**：数据流入节点是主节点数据的来源，也是主节点的父节点。它可能有多个甚至多层级结构。数据流入节点也称为上游节点，如果是第一个节点，则是源头数据，否则可能是数据流转节点。
- **数据流出节点**：数据流出节点表示主节点数据的去向，是主节点的子节点。它也可能有多个或多层级结构。数据流出节点位于图形的右侧。终端节点是一种特殊的数据流出节点，表示数据不再向下流转。

通过在数据血缘图谱中呈现这些元素，可以直观地展示数据节点之间的关系、流转路径以及相关的处理方式。

2）**数据流转线路**：用于标记数据的流转路径，通常是从流入节点汇聚到主节点，然后从主节点扩散到流出节点。数据流转线路可展现3个维度的信息：方向、数据更新量级和数据更新频次。方向的表现方式通常默认为从左到右；数据更新的量级通过线条的粗细来表示，粗线表示数据量级大，细线表示数据量级小；数据更新的频次通过线段的长度来表现，短线段表示高频更新，长线段表示低频更新。如果线条是实线，表示数据仅流转一次。

3）**数据标准规则**：数据标准规则用于表现数据流转过程中的筛选标准。由于海量数据有不同的来源，数据需求方根据业务场景和规范定义数据接入的范围和质量要求。这些要求形成了数据标准规则，后续可以利用这些规则进行数据清理工作。

数据标准规则可以用不同的方式呈现，例如用大写字母或文本标注。在可视化图形上，可以用标有大写字母“E”的圆圈来表示标准规则。通过单击或将鼠标移动到标有大写字母“E”的图标上，可以自动显示该节点中的数据标准规则清单。数据标准规则的简略图形位于某条数据流转线路上，表示该线路上流转的数据需要符合这些规则才能继续流转。

4）**转换规则节点**：转换规则节点用标有大写字母“T”的圆圈表示。它位于数据流转线路上，用于表示数据流转过程中发生的变化和转换。

在数据提供方提供的数据中，有时需要进行特殊处理才能满足数据需求方的要求。这些处理可能很简单，例如截取源数据的前4位，也可能非常复杂，需要使用特殊的公式。为了保证可视化图形的简洁清晰，要对转换规则节点进行简化处理。要查看数据应用了哪些转换规则，只需将鼠标移动到标有大写字母“T”的圆圈上，就会自动显示转换规则清单。

5）**数据归档 / 销毁规则节点**：数据具有生命周期，当数据不再具有使用价值时，它的生命周期就结束了，需要进行数据归档或销毁。判断数据是否还具有使用价值是困难的，因此需要定义一些条件。当满足这些条件时，就可以认为数据不再具有使用价值，可以进行归档或销毁。

如图 1-3 所示，在可视化图形中，我们设计了一个标有大写字母“ R3”的圆圈，用来表示数据归档和销毁规则。当鼠标移动到标有大写字母“ R3”的圆圈上时，会自动展示归档和销毁规则清单。

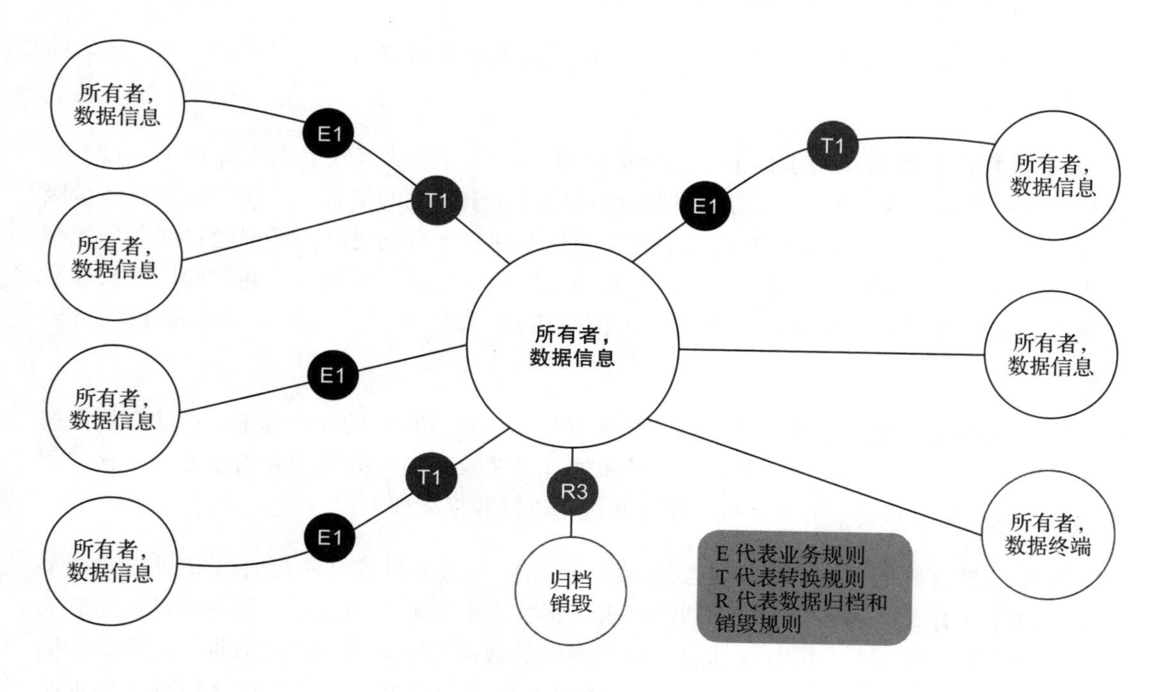

图 1-3　数据血缘示例

数据血缘关系的可视化是一个相对复杂的过程，目前还没有成熟的可视化图形可供参考。只要我们设计的数据血缘关系可视化图形组件能够清晰地展现数据的血缘关系，对组织的数据治理有帮助即可。它要以某个数据为核心节点，通过可视化方式呈现该节点的数据来源、数据去向、流转路径以及路径中的数据处理方式和处理规则，帮助用户理解数据的血缘关系，进行二次分析和具体应用。

1.2.5 数据血缘的特征

数据血缘具有 5 个特征，包括稳定性、归属性、多源性、可追溯性和层次性。

1. 数据血缘具有稳定性

数据血缘关系相对稳定。一旦数据来源发生变化，就意味着需要调整数据逻辑。因此，一旦数据血缘关系收集完毕，通常不会再有大的变化，这有助于进行数据分析。例如，在零售公司中，每日销售额分为线上和线下两种，两者联合形成总指标并传递给下游。只要这个场景不发生变化，数据血缘关系将持续存在。但是，如果某一天增加了代理商分类，导致数据来源发生变化，那么取数逻辑就需要调整，需要更改数据血缘上游节点。

2. 数据血缘具有归属性

数据血缘具有归属关系。通常情况下，数据血缘的起点是源数据，源数据反映了数据的来源或数据归属者。企业中不同的业务部门创建和管理不同的数据，这些数据都有归属方，可以归属于特定的组织或个人。当这些数据从生产方流转到消费端时，数据的归属关系依然存在。尽管归属关系仍然存在，但数据的管理不再受源头方控制。因此，需要制定相应的管理要求和机制，并借助技术手段，确保生产出的数据在使用时安全准确。

举例来说，假设 A 公司的年销售额为 5000 亿元，不同部门可能会有不同的输出口径。销售部门可能有对外销售口径，财务部门可能有对外上市输出口径。年销售额是通过每个月的销售额汇总得出的，每个月的销售统计由销售部门负责。因此，最终汇总形成的数据应该由销售部门（归属方）输出，因为这个数据来源最准确。成本和财务部门可以获取和使用这些数据，但都依赖于数据源的授权和传递。

3. 数据血缘具有多源性

一个数据可以来自一个或多个数据源，并经过一定的计算方式进行加工。类似于人类的血缘基因来自父母双方，即父亲的 XY 染色体和母亲的 XX 染色体，最终形成 XX 或 XY 染色体类型，这是相对稳定的。数据的多源性意味着一个数据可以由多个数据源组合而成。

举例来说，当需要评估企业的利润总额时，利润总额的计算公式包括多个数据项，如营业收入、营业成本、税金及附加、销售费用、管理费用、财务费用、资产减值损失、信用减值损失、公允价值变动收益（损失取负值）、投资收益（损失取负值）、其他收益等。计算企业的利润总额通常需要多个数据源的数据，并通过计算公式得出最终的结果。

4. 数据血缘具有可追溯性

可追溯性指的是可以追溯事物的历史来源、使用情况或所处位置的特性。数据血缘的可追溯性意味着可以追溯数据的整个生命周期，从数据产生到消亡的过程都可以进行直观记录和查询。

举例来说，以银行的财务指标为例，利息净收入等于利息收入减去利息支出，而利息收入可以进一步细分为对客业务利息收入、资本市场业务利息收入和其他业务利息收入。对客业务利息收入又可以细分为信贷业务利息收入和其他业务利息收入，而信贷业务利息收入又可以细分为不同业务线和业务板块的利息收入。

通过追溯数据血缘关系，可以从财务指标一直追溯到原始业务数据，例如客户加权平均贷款利率和新发放贷款余额。如果发现利息净收入指标存在数据质量问题，可以通过数据血缘追溯图直观地发现根本原因，如图 1-4 所示。

数据血缘的可追溯性不仅体现在指标计算上，还可以应用于数据集的血缘分析上。不论是数据字段、数据表还是数据库，都可能与其他数据集存在血缘关系。分析数据血缘关系不仅对提升数据质量有帮助，还对评估数据价值、提高数据质量以及管理数据生命周期具有重要意义。

数据血缘的可追溯性可以帮助组织了解数据的源头、流动路径和加工过程，以及数据之间的关系。通过追溯数据血缘，可以识别数据质量问题的根本原因，帮助组织改进数据采集、处理和存储的流程。同时，追溯数据血缘还有助于满足合规性要求，如数据隐私保护、数据可追溯性要求等。

5. 数据血缘具有层次性

数据的血缘关系具有层次性，这种层次性体现在数据的分类、归纳和总结过程中形成的不同层次的描述信息中，呈现出了数据的层次结构。以传统关系数据库为例，用户是最高级别，其下依次是数据库、表和字段。用户拥有多个数据库，每个数据库中包含多张表，而每张表则由多个字段组成。这些层级之间有机结合，形成了完整的数据血缘关系。

学生管理系统 ER 图如图 1-5 所示。学生信息表由学生的学号、姓名、性别、出生日期、联系方式等字段组成。学生信息表、考勤信息表和请销假表等通过一个或多个关联字段相互连接，形成了整个学生管理系统后台的数据库。

一般而言，数据都属于某个组织或个人，都有其所有者。数据在不同所有者之间流转和融合，形成了数据所有者之间通过数据联系起来的关系，这也是数据血缘关系中的一种层次结构。这种层次结构能够清晰地展示数据的提供者和使用者之间的关系。

数据血缘关系是一种典型的具有层次结构的血缘关系，针对不同类型的数据，如数据库、表和字段，它们都是数据的存储结构，不同类型的数据拥有不同的存储结构。存储结构决定了血缘关系的层次性，因此不同类型数据的血缘关系的层次结构也存在差异。

对于数据管理和数据分析团队来说，深入理解数据血缘特征是至关重要的。稳定性、归属性、多源性、可追溯性和层次性相互作用，共同构成了数据血缘的全貌。通过充分利用数据血缘特征，组织可以更好地管理数据资产，优化数据流程，提高数据的可信度和可用性，从而为决策和业务创新提供坚实的基础。

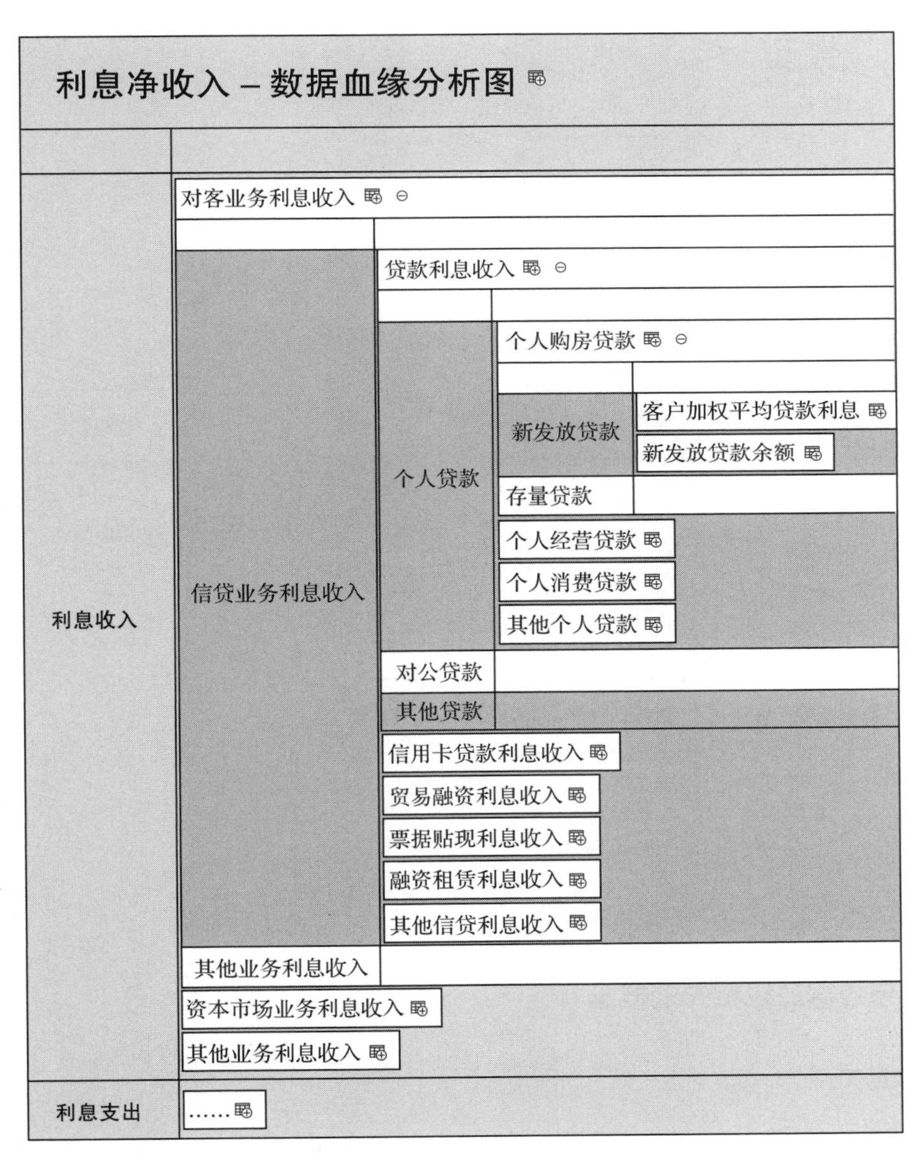

图 1-4　数据血缘追溯图

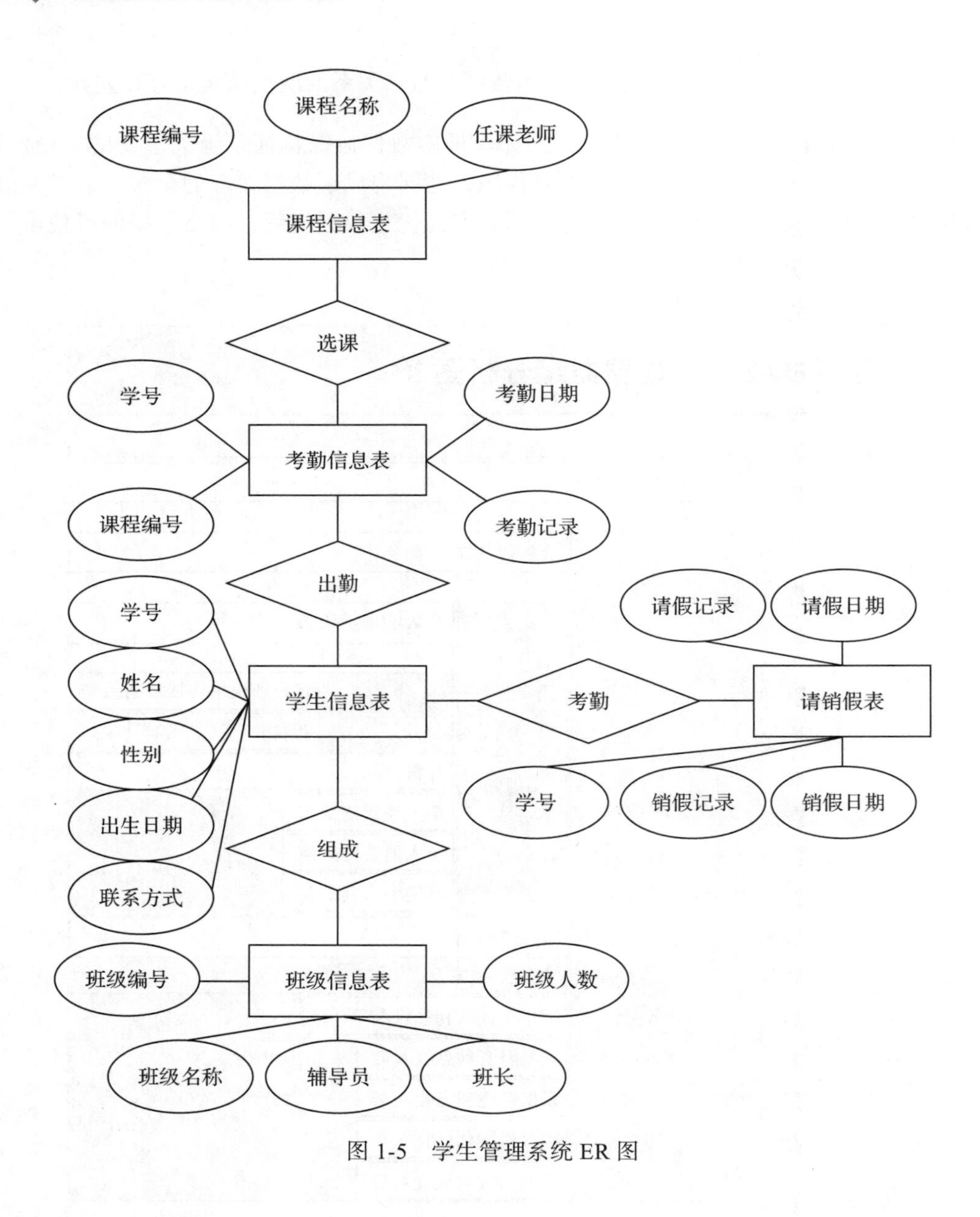

图 1-5　学生管理系统 ER 图

1.2.6　与数据血缘相关的概念

1. 数据关系

从数据间的从属关系来看，数据关系分为线性关系和非线性关系，其中非线性关系又分为逻辑结构树关系和图关系，如图 1-6 所示。

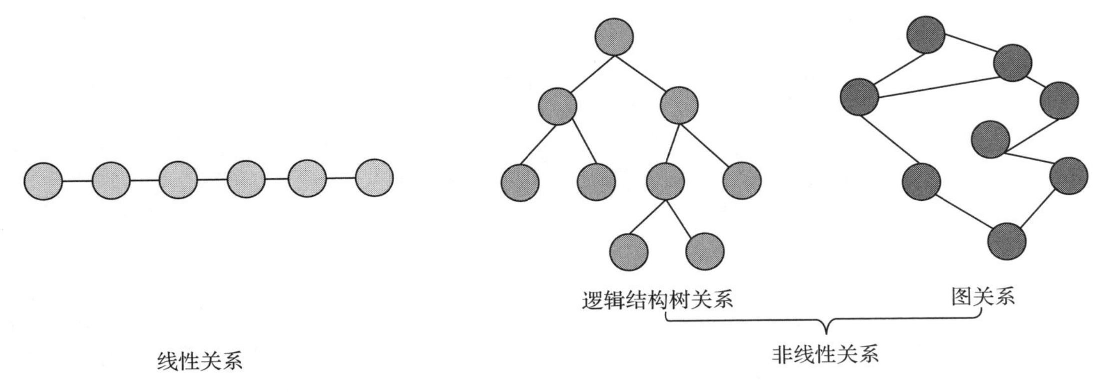

图 1-6　数据关系

1）**线性关系**（线性结构）：在一个线性表中，数据元素的类型相同，样式相同。在数据结构中常用的线性表有栈、队列、双队列、数组、串等。例如，字符串是线性表，表中数据元素为 char 型；学生信息表也是线性表，表中数据元素为文本类型。所以具有线性关系的线性表的定义如下。

线性表是具有相同数据类型的由 $n(n\geqslant 0)$ 个数据元素组成的有限序列，通常记为 $(A_1, A_2, \cdots, A_{i-1}, A_i, A_{i+1}, \cdots, A_n)$，其中 n 为表长，$n=0$ 时称为空表。

表中相邻元素之间存在顺序关系。将 A_{i-1} 称为 A_i 的直接前趋，A_{i+1} 称为 A_i 的直接后继。A_1 是表中的第一个元素，它没有前趋，A_n 是最后一个元素，没有后继。

2）**非线性关系**：分为逻辑结构树关系和图关系，这种情况下一个节点可能有多个前趋或者多个后继。

树的分叉点称为节点，起始点为根节点，任意两个节点间的连接称为树枝，节点下的分枝称为树叶。节点的前趋为该节点的“双亲”节点，节点后继为该节点的“子女”节点，同一节点为“兄弟”节点。本书研究的数据血缘主要包含双亲节点和子女节点，也称为有直系关系的节点，其中直系关系可以是直接或者间接的。

不同类型的数据血缘关系，都能体现数据的提供方和需求方，但侧重点不同。线性关系可以直观地表示出核心节点的数据血缘关系，非线性关系可以更完整地表现出数据节点的扩散情况。通过不同层级的血缘关系，可以很清楚地了解数据的迁徙流转过程，为数据价值的评估、数据的管理提供依据。

2. 数据分类

数据分类是指出于安全和合规目的，根据数据的特征将其分配到不同的类别。例如根据数据的敏感程度对数据进行分类，可以分为个人、专有、机密或公共数据。这样做可以将需要更高级别安全性和更严格访问控制的数据集与其他数据集分开。

数据血缘提供有关数据集的信息，通过数据血缘，可以更容易理解和分析数据从属，知道数据来源及数据流转过程，这样将高效地协助用户对数据进行分类整理。

3. 数据出处

数据出处有时被认为是数据血缘的同义词，或者被视为更狭隘地关注数据的起源，包括源系统及其生成方式。但数据血缘范围更广，不仅包括数据出处，还包括数据流转的过程和数据终端的消费场景。在这种情况下，数据出处可以理解为数据血缘的一部分，为数据血缘提供有关数据来自何处及修改数据的标准规则。

4. 知识图谱

知识图谱（Knowledge Graph），如图 1-7 所示，在图书情报界将其称为知识域可视化或知识领域映射地图，是显示知识发展进程与结构关系的一系列不同的图形，用可视化技术

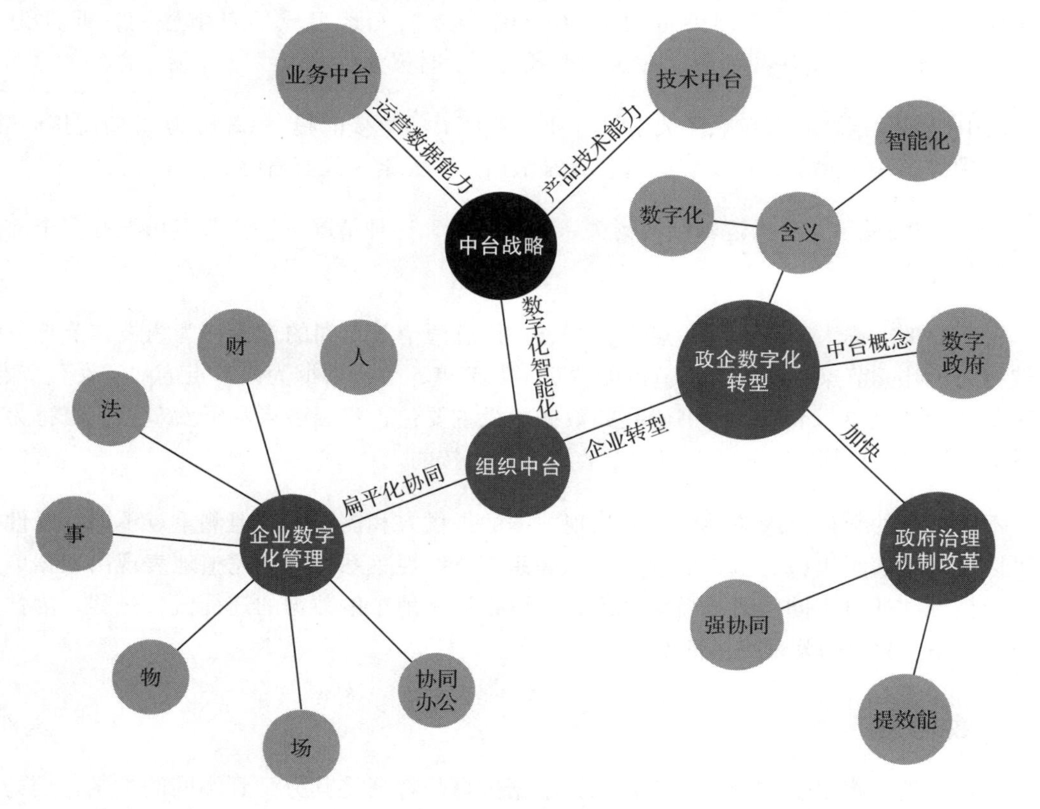

图 1-7　知识图谱

描述知识及其载体，挖掘、分析、构建、绘制和显示知识及它们之间的相互联系。知识图谱可帮助企业自动构建行业图谱，摆脱原始的人工输入，可以应用于智能搜索、文本分析、机器阅读理解、异常监控、风险控制等场景，实现真正的智能和自动。

知识图谱与数据血缘拥有很多相似之处，例如，两者都是利用可视化技术对结构关系进行呈现，同时为用户找出更加准确的信息，做出更全面的总结并提供更有深度的信息，体现了溯源的特性。特别是知识图谱中的点（Node）与边（Edge）的关系，其实就是数据血缘中元数据与血缘关系。所以从很大程度上来说，知识图谱和数据血缘所涉及的数据模型（图数据模型）和技术框架都是类似的。不同之处在于，数据血缘的技术更多运用在技术开发层面，而知识图谱是学术研究层面的产物。数据与知识两者之间的定义也不一样，知识是基于数据定制加工而生产出来的。所以数据血缘的良好构建有利于企业知识图谱的最终形成，而知识图谱是数据血缘分析最终的产物。

1.3　数据血缘分析是解决数据问题的灵丹妙药

数据在产生与使用的过程中，会出现各种各样的问题，例如数据的准确性如何、数据变更情况如何、数据到底产生了多少价值、安全性是否可以得到保障等。本节将阐述数据血缘分析解决以上这些问题的思路与价值。

1.3.1　破除数据质疑

在日常工作过程中，相信大家经常遇到这样的场景：业务人员或者高层领导对报表中的数据，产生了很大的疑问，例如“这个数据偏差这么大，是不是有问题？”“为什么这个数据和线下的不一致？你们的计算逻辑是不是有问题？”“为什么都是本月销售收入，A 系统和 B 系统的数不一样，你们的数是用的哪个口径？”

用户对报告数据的可靠性、真实性的质疑，一般是由如下问题引发的。

- **及时性问题**：大数据集群资源不足或者平台系统故障导致任务延迟。
- **开发代码质量问题**：取数口径不清晰或者不准确导致计算后的数据存在错误。
- **业务规则计算逻辑变更，系统并未同步更新，导致线上与线下的数据不一致。**
- **数据质量问题**：线上或者线下数据存在不准确、不完整、更新不及时的问题，导致最后数据失真。

面对以上数据问题，传统的排查方式流程冗长且效率不高。传统的排查方式通常分为以下几步。

第 1 步：找到报表指标来源的 API，确定来源数据表。

第 2 步：查找与来源数据表对应的数据同步任务，以及 Hive 表的产出任务，查看任务是否正常执行完毕。

第 3 步：找到 Hive 表加工任务的上游，逐层向上排查，先保证整个链路的任务都是正常执行的，因为及时性问题是最高频、常见且容易处理的问题。

第 4 步：数据加工流程正常后，再看指标产出表的加工代码，一是看近期是否有人为变更，二是查阅代码校验对应的逻辑，按照指标加工的代码层级逐级定位有问题的数据表。

第 5 步：通过层层排查定位了问题，但是问题的修复需要时间，需要及时通知下游，避免错误数据给业务带来的错误决策和应用，比如错把老客算成新客，带来营销费用损失等。

若数据常出现异常，用户对数据真实性、可靠性的顾虑就会加深，就会逐渐对数据失去信任。这样的数据相关工作不仅没有提升使用数据的效率，反而让数据管理人员陷入对数据的不停检查中。数据从生产到赋能业务应用会经过很多处理环节，所以处理业务端报表或数据应用服务异常的最好方法是第一时间定位问题并排查修复。如果只靠人工排查，不仅会导致数据开发人力都花费在排查上，还会因定位问题时间过长而影响业务和增大损失。

如果利用数据血缘分析技术，则可以大大提升排查效率。特别是数据血缘的可视化，能让用户自主对数据来源以及链路进行检查，直观地发现数据生产链路及各个环节存在的异常。如此一来，就能快速消除终端用户对报告数据可靠性的怀疑。

1.3.2 数据变更影响范围快速评估

在数据开发过程中，数据血缘能够提供的两个价值点分别是提升问题解决效率和高效评估数据变更影响。从数据角度来看，数据血缘包含的维度有数据库、表、字段、系统、应用程序，即数据存储在什么数据库的什么表，对应的字段以及字段的属性是什么，数据所属的系统以及与数据有关的应用程序是什么。从业务角度来看，数据血缘包含的维度主要是数据所属业务线，涉及业务便要梳理清楚数据的产生逻辑、数据的使用逻辑以及业务线之间的关联关系。

数据血缘对于数据治理至关重要——包括合规性、数据质量、数据隐私和安全性。它对数据分析和数据科学也很重要。映射和验证数据如何被访问和更改的能力对于数据透明度至关重要。数据血缘有助于生成特定数据来源的详细记录，显示数据是如何被更改、影响和使用的。数据血缘还可以更轻松地响应合规性审计和报告查询。它还可通过识别数据流中的潜在风险来帮助提高数据的安全性。

数据血缘可帮助组织采取积极主动的方法来识别敏感数据，这对数据分析和客户体验计划特别有用。收集敏感数据会使组织面临监管审查风险，而数据血缘可以显示敏感数据和其他关键业务数据如何在整个组织中流动。通过这种方式，可以确保组织的策略与现有的控制措施保持一致。

对于IT运营人员来说，数据血缘可用于可视化数据更改对下游分析和应用程序的影响。它还有助于了解业务流程变更的风险，使我们能够采取更积极主动的方法进行变更管理。它还可通过减少耗时的手动流程来提高运营效率，并通过消除重复数据和数据孤岛来降低运营成本。

此外，数据血缘有助于实现成功的云数据迁移和推动转型的现代化计划。数据血缘可以帮助可视化不同的数据对象、数据流与数据图和连接，从而帮人们预测移动或更改数据将如何影响数据本身。

1.3.3　数据资产价值评估度量工具

在数字时代，数据是一项重要的企业资产。数据资产是指个人或企业拥有或者控制的，能够为企业带来经济利益的，以物理或电子的方式记录的数据资源。数据资产的关键特征是具有相关所有权（勘探权、使用权、所有权），有价值，可计量，是可读取的数据集。总而言之，使用者（需求方）越多、使用量级越大、更新越频繁的数据越有价值。比如很多企业购买CRIC研究中心的调研成果数据，这样的数据就可称为企业资产；贵阳大数据交易平台可以将自己的数据打包成服务、API供客户购买使用；聚合平台、企查查、天眼查提供的企业信息查询，属于可兑现价值的数据交易，这些数据都是实实在在的企业间共享的数据，即数据资产。所以基于这样的思路，如何让数据成为有价值的资产取决于这些数据是否具有潜在的交易价值。

基于以上问题，数据血缘可以作为数据资产价值评估的一个度量工具，具体价值体现如下。

- 能够清晰记录数据的采购、生产成本，解决数据资产的初始确认不定的问题。例如，我们通过数据供应商采购的数据，可以记录这些数据的入账价值是多少。如果是在内部通过人工加工形成的指标数据等资产，则可以追踪数据的成本价值是多少，并最终进行汇总。
- 由于数据血缘体现了数据的多源性，每个数据项在进行加工处理的过程中，都可以进一步对形成的数据资产进行确认。例如，某项指标数据涉及的因数据汇总加工形成的成本，都可以分摊资产成本。
- 数据血缘关系体现了数据的生命周期，即数据从产生到消亡的整个过程。当数据被封存或者销毁后，实际就代表了数据资产的使用寿命已经结束。从而能进一步对资产的价值进行度量。特别是随着业务的发展，数据不断增长，大数据资源成本持续升高。通过构建全面准确的全链路数据血缘，可以找出数据下游应用方，做好沟通和信息同步，对长期没有使用的数据或服务，及时做下线处理，节省成本。

- 进行数据资产在线化登记。数据资产需要考虑数据有没有流通（也就说我们说的拉通共享）。虽然绝大部分的数据项目，都是服务于内部管理场景需求的，但我们也需要考虑一些参考数据是否要流通在市场上，例如公布在官方网站上的报表、经营数据、技术指标等。无论是内部使用还是进行外部共享，我们都需要衡量数据价值。这就需要利用类似于数据血缘的技术，做数据资产的在线化登记。
- 对数据价值进行度量形成资产。这一方面有利于在共享交易过程中为数据定价，另一方面就是可依据数据资产可量化的价值，形成数据安全保护等级。传统的数据安全保护等级评估，往往完全依靠相关法规要求和业务经验，缺少具体应用场景中的评估依据，使得评估脱离了数据的应用场景和真实的业务价值。而数据血缘则提供了一种基于数据实际应用的评估方法：使用者（需求方）越多、使用量级越大则价值越大，价值大且更新频繁的数据安全保护等级就高。

总而言之，要将数据资产化，就必须要围绕数据价值链去构思一系列制度和技术手段，确保价值可以量化。数据血缘是将原始数据、数据资源到数据产品、数据资产的过程显现化的关键技术。

1.3.4 为数据滥用加上一把“道德”之锁

近年来，大数据让公众的生活变得越来越便捷，但随之而来的大数据杀熟、滥用人脸识别技术、过度索取权限等乱象，损害了公众的合法利益。面对各种乱象，公众往往苦不堪言，却又束手无策。而数据滥用的主要原因之一就是大量数据被超级平台占有，数据在生产、收集、流通、使用等过程中的产权归属不清。

针对以上挑战，我们也逐步完善了不少安全措施，例如：进行访问控制和隔离，实施多租户访问隔离措施，对数据进行安全分类分级，支持基于标签的强制访问控制，提供基于 ACL 的数据访问授权模型，提供数据视图的访问控制，提供数据脱敏和加密功能、统一的密钥管理和访问鉴权服务、数据访问审计日志等。

数据血缘技术是解决数据滥用的关键手段，通过数据血缘追踪，我们能确认数据的源头、所有者和数据的流向。这样我们可以提供采集、存储、使用、传输、共享、发布、销毁等基于数据生命周期的具体信息，有的放矢地去管理。特别是有利于明确数据产生方、使用方、挖掘方的权利关系，避免滥用的情况发生。

数据血缘间接提供了一种合规机制，用于审计、改进风险管理，并确保数据的存储和处理符合数据治理政策和法规。例如，2016 年欧盟制定了《通用数据保护条例》（GDPR），以保护欧盟和欧洲经济区人员的个人数据，让个人能够更好地控制自己的数据。加利福尼亚州议会制定了《加利福尼亚州消费者隐私法》（CCPA），该法案要求企业告知消费者其数据的收集情况。这些法案和条例使数据的存储和安全成为重中之重，如果没有数据血缘分析技术或者相关工具，组织要发现不合规问题会是一项耗时且昂贵的工作。

1.4 本章小结

国际环境多变复杂，不确定因素较多，商品过剩，因此企业面临着较大的试错成本和决策成本。同时，我国的数字经济蓬勃发展，相应的政策导向也在鼓励企业往数字化方向发展，推动产业升级。结合以上客观因素，从企业的竞争本质来思考，数字化是企业发展，提升竞争力必不可少的手段，传统企业也必须将转型作为生存发展的首要目标。在数据驱动企业发展的过程中，我们发现不同行业都暴露出一些数据相关的问题，例如数据安全问题、数据质量问题、数据分析效率问题、数据采集难问题等。企业迫切需要寻找到高效、好用的方案与技术来解决这些问题，从而夯实数据基础，更从容地进行数字化转型工作。

随着企业现代化进程的推动，数据成为新型生产要素，企业对数字化的要求越来越高，数据管理已经从原来的粗放式转变为精细化，挖掘数据背后隐藏的价值将是企业突破困局的手段之一。只有借助精细化的数据管理要求，学习数据血缘管理数据的思维和方法，分析数据全周期过程，剖析数据的来龙去脉，深刻认识数据，才能挖掘出数据的价值。

数据血缘具有稳定性、归属性、多源性、可追溯性和层次性的特征。这些特征让我们可以找到数据之间的关联关系，从而提升数据使用价值。进行数据血缘建设时要充分理解这些特征，以促进业务场景与数据血缘系统更好地融合。

数据在加工使用的过程中，一定会面临各种各样的质疑和挑战，包括来自数据部门、业务部门甚至来自外部客户的质疑。面对这种情况，传统的人工排查效率不仅低下，并且排查的准确度也难以保障。数据使用者会花大量时间用线下的数据去校验数据的准确性，数据生产者同样得花大量时间去印证其准确性。数据血缘可视化能够将数据流转、加工的过程清晰地展示在用户面前，从而快速打消终端用户对报告数据可靠性的怀疑。

“数据的价值很大”，这一点无论是个人还是企业乃至国家层面都达成了共识。但是若无法具体量化某些数据资产的价值，这就会让数据资产只是一种口号。特别是面对流通的数据创造的价值，加工的数据产生的效益，我们往往无从下手。数据血缘围绕“数据价值链”全生命周期进行分析，可以将数据从生产到消亡的整个脉络完整地展示出来，依托于数据的基础信息（采购成本，加工成本，结合市场评估的价值）就可得出资产的价值。

数据是否还具备资产属性，需要综合数据是否还在继续使用、质量高不高等因素进行评估。数据血缘能有效识别出哪些数据已经不具备资产属性，对于使用程度低、缺乏共享流通性的数据，及时剔除其资产属性，这对数据安全等级划分有重要的参考价值。

在大数据时代，数据滥用的情况屡见不鲜，一个核心原因就是数据确权的问题没有解决。只有解决数据归属问题，数据滥用的情况才能从法律制度层面进行监管控制，否则拥有再多的安全技术手段，都是无源之水。数据血缘技术不仅能解决数据源头的问题，还能供人们查询数据加工和使用过程。从这个层面来看，数据血缘技术一定是未来杜绝数据滥用的有效利器。

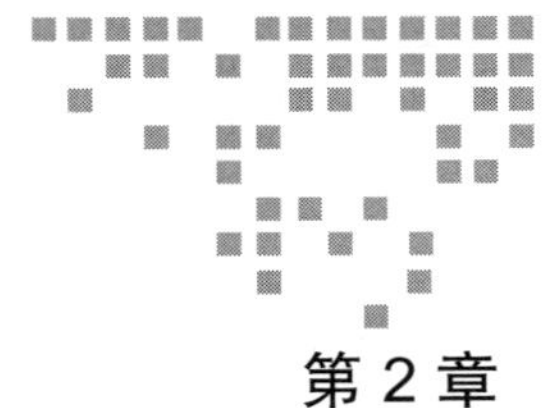

第 2 章 

数据血缘中的数据组成部分

本章介绍了数据血缘的数据组成，即元数据、主数据、业务数据和指标数据 4 种常见的数据，并总结了这 4 种数据的数据血缘的特征，以帮助我们更清晰地理解数据血缘。

2.1 溯源血缘关系的重要依据——元数据

元数据是数据管理的重要组成部分，同时也是数据血缘分析中最核心的组成部分。要研究数据血缘，第一步必须理解并管理好元数据。接下来主要对元数据的概念和数据血缘特征进行介绍。

2.1.1 元数据的概念

元数据（Metadata）是描述其他数据的数据，或者说是用于提供某种资源有关信息的结构数据（Structured Data）。元数据的使用目的如下。

- 识别资源。
- 评价资源。
- 追踪资源在使用过程中的变化。
- 简单高效地管理大量网络化数据。
- 实现对信息资源的有效发现、查找、一体化组织，以及对使用资源的有效管理。

元数据主要有以下基本特点。

- **元数据一经建立，便可共享**。元数据的结构和完整性依赖于信息资源的价值和使用环境，元数据的开发与使用环境往往是一个变化的分布式环境，任何一种格式都不可能完全满足不同团体的不同需要。
- **元数据是一种编码体系**。元数据是用来描述数字化信息资源，特别是网络信息资源的编码体系。元数据和传统数据编码体系的根本区别在于，元数据是为数字化信息资源建立的一种机器可理解框架。

由于元数据也是数据，因此可以用类似数据的方法在数据库中进行存储和获取。如果提供数据源的组织同时也能提供对应的元数据，将会让元数据的使用更高效。用户在使用数据时可以先查看其元数据以便能够获取自己所需的信息。

《DAMA 数据管理知识体系（第 2 版）》将元数据分为 3 类，包括：业务元数据、技术元数据和操作元数据。

1）业务元数据是指从业务角度描述业务领域相关的概念、关系和规则的数据，主要包括业务术语和业务规则等信息。常见的业务元数据如下。

- 业务定义、业务术语解释等。
- 业务指标名称、计算口径、衍生指标等。
- 业务引擎的规则、数据质量检测规则、数据挖掘算法等。
- 数据的安全或敏感级别等。

2）技术元数据是指描述系统中与技术细节相关的概念、关系和规则的数据，主要包括对数据结构、数据处理方面的描述，以及数据仓库、ETL、前端展现等技术细节方面的信息。常见的技术元数据如下。

- 物理数据库表名称、列名称、字段长度、字段类型、约束信息、数据依赖关系等。
- 数据存储类型、数据存储位置、数据存储文件格式或数据压缩类型等。
- 字段级血缘关系、SQL 脚本信息、ETL 信息、接口程序等。
- 调度依赖关系、进度和数据更新频率等。

3）操作元数据是指用于描述管理生命周期的数据，如版本号、存档日期等。常见的操作元数据如下。

- 数据所有者、查看者等。
- 数据的访问方式、访问时间、访问限制等。
- 数据访问权限、组和角色等，数据处理作业的结果、系统执行日志等。

- 数据备份、归档人、归档时间等。

元数据是家里的“户口本”。有了“户口本”，我们不仅能了解某人的出生年月等基本信息，还能知晓他的家庭关系信息。这些信息就构成了对这个人的详细描述，就是这个人的元数据。例如，图书馆有 1 万册书，我们按照图书的作者、图书名称、编号、分类进行整理，这些基本信息就是书的元数据。通过元数据整理我们清晰地知道想要查找的书在什么位置，这样我们无论是借书还是还书都能快速找到书的位置。元数据分类示意图如图 2-1 所示。

元数据的类型

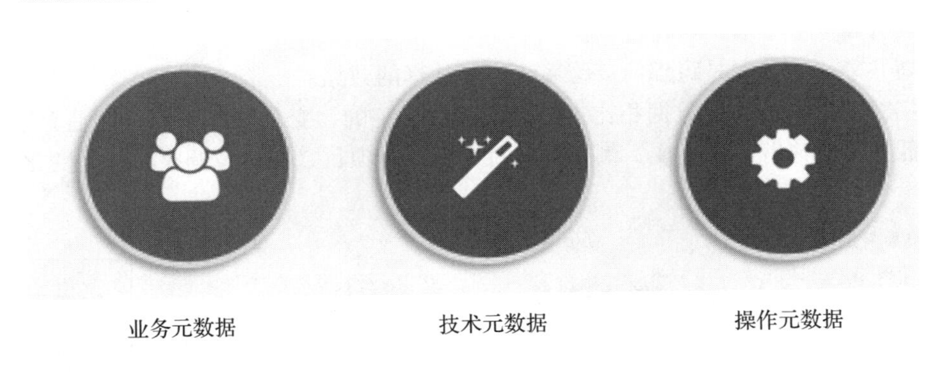

图 2-1　元数据分类示意图

2.1.2　元数据的数据血缘特征

通过上述对元数据概念的描述，相信大家对元数据有了一定了解。作为数据 DNA 的元数据，数据血缘是元数据产品的核心能力，可以说数据血缘就是因元数据而生的。因为元数据是最直观的数据，不经过任何加工和改造，从数据生产到消费终端都不发生变化，元数据具有原生性，即元数据的血缘关系都是直接形成的，不需要经过加工和转换，所以元数据的数据血缘关系的建立几乎能够实现自动化。从数据标准角度来看，元数据可以作为统一底层的标准，对元数据要求越高，数据质量就越高。

因为元数据是描述数据的数据，所以元数据的数据血缘是一种层次结构，虽然也用于表示目标数据来源于哪些数据，又生成了哪些子数据，但是相较于其他数据血缘更便于反映动态过程中的数据。元数据的数据血缘流转更简洁直观。

2.2 确定血缘关系的黄金数据——主数据

2.2.1 主数据的概念

主数据是指在整个企业范围内各个系统（操作/事务型应用系统以及分析型系统）间共享的数据。主数据的范围及特点如图 2-2 所示。主数据通常需要在整个企业范围内保持一致性、完整性、可控性，为了达成这一目标，就需要进行主数据管理（Master Data Management，MDM）。需要注意的是，主数据不是企业内所有的业务数据，有必要在各个系统间共享的数据才是主数据。比如大部分交易数据、账单数据等都不是主数据，而描述核心业务实体，例如描述客户、供应商、账户、项目、员工、产品的数据都是主数据。主数据是企业内能够跨业务重复使用的高价值数据，其主要特点如下：

- ❑ 具有高业务价值，口径统一。
- ❑ 高共享：主数据是跨部门、跨系统高度共享的数据。
- ❑ 相对稳定：与交易数据相比主数据是相对稳定的，变化频率较低。但是变化频率较低并不意味着一成不变，例如在项目更名或者项目二次定位调整时就会变化。

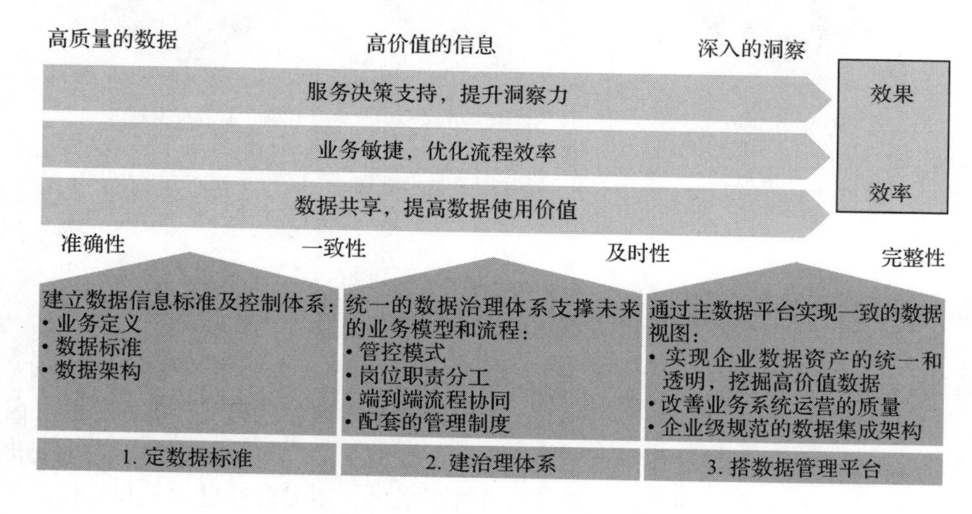

图 2-2 主数据的范围及特点

例如，在费用控制系统中，向供应商支付货款，费控系统中该供应商的编码是 PAYV000345，完成付款后，费控系统需要向 ERP 系统传递付款的会计凭证。但是，ERP 系统中该供应商的编码是 ERP00000123，如果费控系统直接把 PAYV000345 传给 ERP 系统，ERP 系统是不能识别的，那么就需要建立一种对照表，把 PAYV000345 翻译为 ERP00000123。

在这种情况下，费控系统和ERP系统都需要有管理员维护各自系统的供应商数据（维护两次），同时还得维护两个系统之间供应商数据的对照关系，应用成本比较高，很不方便。这仅仅是两个系统之间的情况，如果系统更多，这种使用方式就更复杂。基于这种情况，主数据应运而生。作为最关键、最核心的数据，主数据重点用来解决跨业务部门、异构系统之间关键数据的不一致、不正确、不完整等问题，并提升数据拉通的效率。主数据是信息系统建设和大数据分析的基础，是企业数字化转型的基石。

尽管我们知道了主数据的重要性，并且不少企业对主数据管理平台进行了推广和使用，但还是没有从根本上解决数据质量和数据标准的问题，反而投入的人力和物力越来越多，收效甚微。核心原因就是主数据相对稳定，而业务场景不断变化，这两者之间的冲突主要表现在如下几个方面。

1）**主数据静态性与动态性的悖论**。主数据的一个特征便是业务实体对象的属性字段需要是静态的或者相对静态的。这实际上也是主数据的核心特征之一，如果要确保各个业务系统能够进行匹配拉通，那么对于业务实体对象的主数据定义必须是静态的。例如我们每个人的身份证号码，它一定不能随意更改，确保唯一性。

但是在企业实际的发展过程中，特别是目前在企业的数字化转型过程中，企业业务系统都要进行新增和更换，原来被主数据厂商识别出来的主数据已经无法满足新的业务系统的需求，需要重新进行主数据的扩充识别，构建相关模型、流程等，从而造成了主数据管理平台后期运维成本居高不下，严重违背了实施主数据管理平台的初衷。

例如，在建筑地产行业从粗放型转为精细型管理的过程中，需要扩充主数据项。原本管理的维度可能是项目、分期、楼栋，接下来需要对于每一户进行管理。实际上原本静态的主数据层级架构就会发生调整，在调整的过程中，我们可能会认为只是加一个“户”的主数据项，但是增加一个主数据维度真的那么容易吗？关于户的主数据属性字段、元数据管理的范围确定了吗？需不需要补充它的历史取值？需不需要找业务部门的主管们讨论、协商？数据归属者是谁？

我们会发现，识别的主数据管理范围和主数据字段，可能因为业务需求和场景变更进行了调整。因此，主数据静态性并不是真正的静态，甚至还具备动态性的特征。而主数据项的增减，以及对主数据项的属性字段的扩充都无疑增加了额外的工作量。我们了解主数据的这个特征后会发现，随着企业的发展，业务场景越来越多样化，动态性的影响也会让我们对于主数据管理工作更加头疼。

2）**主数据无法满足所有的业务场景**。我们在做数据治理的时候，往往会和主数据治理混为一谈，但是实际上这两者只是包含的关系。数据治理的范围更宽泛。如果认为完成主数据平台搭建后，就能实现各个系统、各个场景的数据拉通，实际上是有失偏颇的。

所以，业务场景数据管理和主数据管理是两个层面的问题。这两者的重要性没有高低之分，从数据治理的角度出发，如果我们无法管控业务场景数据，主数据管理将变成一件没有意义的事情，那么业务场景数据对现有业务以及未来数据中心不会起到有效支撑。

总之，主数据管理并不能覆盖系统所有的业务数据质量管理，主数据管理无法解决业务场景导致的数据治理障碍，而且这种趋势越来越明显，所以亡羊补牢甚至推倒重来会成为主数据管理的一种常态。

3）**主数据逐渐沦为赋码平台。**企业使用主数据平台进行管理的初衷之一就是希望通过主数据拉通并改善数据质量。但是目前绝大部分企业反馈，改善效果没有达到预期，原因就是主数据管理作为多条业务线、多部门协作的工作，从数据验证机制、巡检机制、管理规范、主责部门、录入依据等环节上都体现了管理的难度。最终，主数据项的属性字段维护效果欠佳，维护的质量不高。受限于上游系统，主数据逐渐沦为了各个业务系统赋码的一个平台。

2.2.2 主数据的数据血缘特征

企业在制定数据标准的过程中，往往不清楚标准执行的情况，同时标准的变更会越来越频繁。这是一个两难的问题，既然作为标准就不应该频繁地变更，但是随着业务发展，数据标准工作也需要同步更新。所以，就需要利用分析工具来解决主数据管理上的局限性问题。

数据血缘分析的过程中，特别是针对血缘追溯，常常会有一个关键问题，例如项目名称，在A表中有这个字段，B表中也有这个字段，到底谁才是准确的？谁才是完整的？我们都知道主数据的一大价值是统一数据标准、统一口径，这在数据血缘分析的过程中，能起到非常重要的作用。如果缺乏主数据的数据标准管理，那么数据血缘的流向以及关联的字段极有可能是错误的。

而主数据的数据标准管理同样也离不开数据血缘分析，主数据的源头在哪个业务系统产生，下游哪些业务系统引用，都需要利用数据血缘分析工具来进行检测。在很多企业内部，制定数据标准其实只是完成了一个阶段性的工作，我们往往需要花大力气来检测有没有按照数据标准执行。对于繁多的业务系统，涉及的表、字段数不胜数，如果按照人工方式去筛查，一方面效率极其低下，另外一方面对于字段的频繁变更，都将导致数据标准的全貌无法展示出来。

所以，主数据能进一步夯实数据血缘的稳定性。同时，数据血缘的可追溯性能让主数据管理更加便捷，通过追溯查询能更好地贯彻主数据标准的执行。

2.3　记录业务动态发生的数据——业务数据

2.3.1　业务数据的概念

业务数据是指企业在业务处理过程中产生的数据，也称交易数据，包括订单合同、营销价格等。业务数据具备以下特点。

- 是在业务开展过程中产生的交易数据，多数是人为操作产生的。
- 时效性强，变动频率较高，且数据量巨大。

例如，在工业企业生产的过程中耗用了哪些材料、每道工序分别用多少、投入了多少人力资源、有多少工人在生产、工时是多少、产能多高、设备机器是否正常工作、检修机器用了多少时间、每天购进了些什么材料等，都属于业务数据。对于商业企业而言，业务数据包括每天购进了哪些商品、每种商品的进价、商品有没有丢失、每天销售了哪些单品、每种单品能有多少毛利、哪些商品卖得好、哪些商品卖得差等。

企业在信息化阶段或刚步入数字化转型阶段，由于业务数据具备数据量大、携带的信息量大等特征，更有利于进一步提炼其价值，最终加工形成指标数据供管理层进行决策，所以绝大部分企业都完成了业务数据线上化。同时业务数据的线上化，能更好更快地去构建数字世界。以传统制造业为例，基于数据孪生的思路，将产品生产、研发、销售等业务数据线上化可提升自动化水平、提高生产效率、降低成本、挖掘新的业务商机。对于互联网企业而言，它先天就具备数字原生企业的优势，业务数据的线上化更多是利用互联网等技术，把握流量入口，快速落地场景应用。

2.3.2　业务数据的数据血缘特征

业务数据的质量是使用过程中最需要注意的地方，当业务数据的质量不高（例如数据缺失——完整性不高，录入不及时——及时性不高，线上线下不一致——准确性不高等）时，则后续指标数据加工、决策分析都会失去意义。我们可以思考是否可以首先定义数据评价标准，例如按照业务增长趋势或模型预测，定义指标合理的波动范围，当波动超出阈值后，及时预警通知相关业务人员。利用数据血缘可追溯、可视化的特征，我们能从数据血缘全周期的流转脉络上发现到底是哪个环节出了问题，例如某个字段为 null、数据还未同步更新、数值不符合约束范围等。

除了解决业务数据的质量问题，还要解决业务数据到底由哪个业务线负责的问题。由于越来越多的业务数据是各个部门交互产生并使用的，所以业务数据到底是由哪条业务线负责，也是一个非常关键的问题。业务数据的管理，必定涉及业务数据的产生逻辑、业务数据的使用逻辑以及业务线之间的关联关系。数据血缘从业务角度来看，包含的维度主要是数据所属业务线，如果我们无法得知业务数据是哪个业务线产生、如何流转的，那么就一定要借助数据血缘分析工具来进行剖析。

2.4 提供分析决策的重要成果——指标数据

2.4.1 指标数据的概念

指标数据是基础数据按照一定业务规则或一系列公式计算加工得出的数据，它具有高价值性，更贴近业务场景。指标数据代表着数据的最终业务价值呈现，基本上由系统自动计算，这也是指标数据和业务数据最大的区别。

指标数据主要有以下 3 个特点。

- 指标数据并不会自动产生，而是需要基于主数据和业务数据由公式计算得出，是数据分析挖掘的最终产物。
- 指标数据具有分析价值，属于后端加工类数据。
- 指标数据具备可量化的衡量标准，更容易暴露问题，方便分析解读，例如企业毛利润额、净利润额、IRR（内部收益率）等都属于指标数据。

从指标的计算方式来看，指标数据可分为如下三类。

- **原子指标**：也叫基础指标，是依托于单个实体的属性或行为统计得出的，主要是基于主数据和业务数据统计得出的指标，例如供应商付款金额、合同金额、订单量、日活跃用户数等都属于基础指标。
- **衍生指标**：指对单个父级指标进行某些维度上的取值限定而定义出的新指标，其统计方式和基础指标一致，只是无法直观得到，需要基于一些过滤规则对基础指标进行过滤才能形成，例如“线上”客户订单数和“外部供应商”“全年”付款金额。
- **计算指标**：指对描述型指标进行计算、排序、累计等操作后得到的指标，例如客户最优价、每用户平均收入（ARPU）值等。也包括一些不适合公开的复合指标，例如由商品访问量、订单量、加购量、评论量等多指标综合计算得出的，反映商品热度的商品指数。

2.4.2　指标数据的数据血缘特征

指标数据几乎都需要通过加工才能形成，所以在数据血缘关系中，指标数据一定具有上游节点。指标数据的上游节点一般可分为主数据和业务数据。指标数据的数据血缘特征如下。

- **可拆解性**：任何一个指标数据都可以拆解出来，如基础指标可拆解出主数据、元数据或业务数据，衍生指标可以拆解出基础指标和业务数据。数据血缘具有可追溯性，所以通过数据血缘能够满足查看指标数据拆解的过程，更有利于理解指标数据。
- **准确性**：指标数据一般是计算出来的，通过数量、参数体现出业务实际表现。在梳理血缘关系时需要注意，该类指标一般是通过计算得出的，其中的计算公式或参数设定要准确客观，在数据血缘的节点上需要体现出指标的计算规则，使得数据流转显示更加清晰。
- **综合性**：指标反映的是各类数据汇集加工形成的综合结果，是排除个体差异后得到的整体特征，具备综合描述事务实体的能力。所以数据血缘关系可以清晰地展示出指标数据的多源效果。

2.5　本章小结

如果将数据资产比喻成肥沃的土壤，大数据是浇灌的工具，那么本章描述的主数据就是树干，元数据是分枝，业务数据是树叶，指标数据是果实，如图 2-3 所示。对于数据血缘分析来说，数据血缘的组成元素就是不同的数据分类，对不同的数据分类做数据血缘分析，侧重点也是不同的。

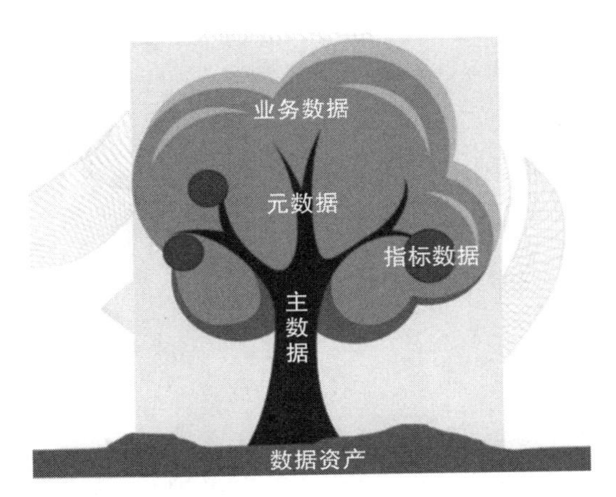

图 2-3　“数据血缘”的数据组成部分

元数据是最基本的数据单元，其数据血缘是最直接的，应用也较为广泛，涉及更多种技术手段，这与数据血缘天然匹配，也是实现自动化收集的有利条件之一。对于技术规范相对统一的数据，数据血缘关系的识别可以实现自动化。

主数据是数据实体，即核心属性，因为其使用频率最高，共享度最强，所以主数据的数据血缘流转节点是最长的或具有最多分支的。对于主数据的数据血缘需要着重考虑上下游的关系，稳定数据的定义及标准，做到输出同源，这样数据血缘关系才能真正产生价值。以某供应商主数据为例，从采购供应商入库开始，与其相关的数据就被纳入主数据的管理范围。不同部门（如采购、成本、营销、财务等）都可能与该供应商发生业务往来。在这个过程中，数据入口来自采购，最终数据消费终端是不同的业务部门。如果在财务付款时发现供应商的法人与实际情况不一致，就会发出预警，并对数据进行溯源逐级排查，找到数据录入方的错误。

业务数据的数据血缘关系虽然来源节点丰富，但流转节点少，通常只有生产即使用的两层节点，因此对于数据血缘关系的分析较为简单。当终端消费者发现数据问题时，可能直观地看到数据问题，所以该部分的数据血缘层级较少。

指标数据是数据血缘价值最高的，例如，企业经营利润 = 营业收入 – 营业成本 – 营业税金及附加 – 销售费用 – 管理费用 – 财务费用 – 资产减值损失 + 公允价值变动损益（– 公允价值变动损失）+ 投资收益（– 投资损失），由 9 个指标计算得出，这些指标的来源不同，例如营业收入分为主营业务收入和其他业务收入。需要强调的是数据血缘并不仅是发现数据、处理数据，还要明白这些数据存在差异的背后，业务管理存在的经营问题，并有针对性地调整业务决策。

建设篇

建设篇是本书的重点部分，讲述数据血缘建设相关的内容，本篇通过 1 个周期、3 种实体、5 个血缘分类以及平台的 5 个层级对数据血缘框架模型进行详细介绍，还重点介绍数据血缘的实施路径，这是数据血缘项目成功与否的关键。希望本篇能给大家带来一些启发。

Chapter 3 第3章

数据血缘分析框架模型

本章将详细介绍数据血缘的整体框架模型，首先介绍数据全生命周期管理，然后介绍数据血缘的3种实体组成部分，以及数据血缘的5个类型，最后通过5个层级去完整搭建出一个数据血缘模型。

3.1 1个周期：数据全生命周期管理

数据的一生就是数据的全生命周期，它包括数据生产、数据加工、数据传输、数据消费、数据失效。数据全周期管理如图3-1所示。数据血缘关系管理就是要实现全生命周期中数据过程的可见性，极大地提升企业在数据分析过程中追溯错误数据的能力。

1. 数据生产

数据生产是指数据从无到有的过程。数据不会无缘无故地产生。所以该阶段我们重点考虑数据是如何产生的，由谁在基于什么样的情况下产生。企业数据生产或采集一般有两种方式。数据的生产方即数据创造者，一般指的是数据生产部门或者数据生产岗位。这个数据生产方主要也是线下管理该部分业务管理方，对数据如何生产、数据何时生产、数据应该按照什么标准规范生产有绝对规范和要求。也可能是某个岗位去创建，如数据系统管理员，需要将线下业务环节沟通好的数据按标准录入系统，这都是属于企业内部的数据生产。另外一种方式是数据自动采集，即用户在日常操作中，系统自动记录采集生产的数据。例如人员特征数据、用户浏览数据、用户交易数据等，都是自动读取采集的数据。我们需要提前预设数据的采集规范标准要求。数据生产阶段需要明确数据的录入者、录入时间及数据生产依赖的业务流程和标准。

图 3-1　数据全周期管理

2. 数据加工

数据生产阶段得到的数据一般属于基础数据或元数据。数据加工一般分为两种情况，第一种属于基础数据加工，针对的是企业共享的统一的数据，有一定的强标准规则，一般这些加工数据都比较稳定，加工规则统一清晰，加工完再传输至消费系统或目标系统。第二种是对消费系统接收到的数据进行加工，比如客户系统，每天都有客户登录，这样持续一个月或一年后在分析用户有效 UV 时，我们就需要对数据进行加工了，可以根据客户访问次数、访问 ID 计算客户深度等，经过一些复杂的计算规则，形成具有分析价值的数据指标。更多关于数据的加工的内容，有兴趣的读者可以参阅《DAMA 数据管理知识体系指南》中有关数据仓库和商务智能的内容。

3. 数据传输

数据传输指的是数据生产、加工完成后，通过一定的路径传输至数据使用方（数据消费系统）。这和物流中采用公路、海运、航空等运送物资的方式类似。常用数据传输方式有：API、数据文件、共享数据库、Web 传输等。数据及消息回传方式有同步传输和异步传输。数据传输过程要考虑数据的及时性和有效性，数据传输的频率可分为实时传输、按天或按月传输等，具体采用哪种传输频率，应依据业务场景需求决定，对数据及时性要求不高时一般采用按天传输的方式，这样可以极大减少服务器压力。

数据传输过程还要关注数据传输的日志管理、数据传输稳定性等，这部分更多是技术实现层面的内容，在此不做过多介绍。

4. 数据消费

数据消费即数据使用、数据应用。目前很多数据商务智能管理平台就是数据使用方。数据消费要考虑保密性、安全性、适用性。由于数据的标准建立在使用方的需求上，所以数据消费方（数据需求方）对数据质量有严格的监督权，数据不合格应该及时提出，反馈至数据录入方，及时处理问题，从而有效提升数据质量。数据消费的过程中要考虑数据的保密性和安全性。一般企业数据保密级别分为以下 4 个级别。

- **一级数据：**完全公开数据，可直接对内外公布，如企业已正式公开发布的年报。
- **二级数据：**内部数据，主要是内部使用的业务数据，支撑业务系统的运行，不可直接对外公开。通过统计、分析和加工这些数据能获得公司的重要信息、客户隐私信息或商业机密，这部分数据泄露会对公司产生不利影响。
- **三级数据：**机密数据，数据敏感且重要，仅限有授权的业务人员使用。这类数据的泄露将直接或间接对企业或个人造成不利影响，给企业带来法律风险，造成财产、声誉方面的损失。
- **四级数据：**绝密数据，机密和重要程度最高。在公司内部，仅限于特定的人员按需在特定的范围内使用，严禁非相关人员讨论和传播，比如重要考试的试题等。

从数据的安全性来看，操作上一般接受和遵循的原则是"最小够用原则"，即按需申请，切忌贪多，以防止数据引入后未真正应用却被不相关人员查看或使用，导致数据泄露。

5. 数据失效

数据失效即数据过期不再使用，或者暂不使用，一般采用的操作有冻结、失效等。一般情况下，企业不会对失效的数据做物理删除，因为有一些目前暂不使用的数据，将来可能有用。我国对各类数据的保管期限有相关的法律规定，例如，《会计档案管理办法》规定了我国企业和其他组织等会计档案的保管期限，该办法规定的会计档案保管期限为最低保管期限，具体分为以下几种。

- **永久保管：**包括年度财务报告、会计档案保管清册、会计档案销毁清册、会计档案鉴定意见书。
- **30 年：**包括原始凭证（含用作会计原始凭证的完税凭证）、记账凭证、会计账簿，包括总账、明细账、日记账等，其他辅助性账簿、会计档案移交清册。

- **10 年：** 包括月度、季度、半年度财务会计报告，银行存款余额调节表，银行对账单，纳税申报表，单独装订、未用出口凭证（不含用于原始凭证的部分），未用作会计原始凭证的完税凭证。
- **5 年：** 固定资产卡片账需在固定资产报废清理后保管 5 年，包括已经开具、单独装订、未用作原始凭证的发票存根联，发票登记簿。

以上不同阶段的数据管理都需要相应的数据管理角色和组织支撑，企业在确定数据全生命周期中不同阶段的数据管理角色时，可以参考《DAMA 数据管理知识体系》中介绍的企业数据管理组织搭建模式，其中包括分散运营模式、网络运营模式、集中运营模式、混合运营模式和联邦运营模式。企业具体采用哪种模式，需依据企业管理现状及规划决定。

数据已经被列为 21 世纪重要的生产资料，如何让企业在未来竞争中脱颖而出，识别价值数据并将数据作为重要资产要素管理起来，是提升企业未来核心竞争力的有效方式。

从数据粗放式管控到精益化管理，不仅在于从系统到表再到字段的精细化，还包括对数据进行全生命周期精细化管理，就像供应链一样，有些供应方提供的是原材料、半成品、成品，有些提供有形产品，有些提供无形产品或者服务。只有将业务数据、主数据、指标数据的来源串联起来，形成数据血缘关系网，才能最终实现数据高效管理。

3.2　3 种实体：数据血缘实体结构

上面介绍了数据血缘的全生命周期管理的不同阶段，本节将介绍数据血缘的实体结构。根据数据颗粒度不同，我们可以将数据血缘分为 3 种实体，即数据库血缘、数据表血缘和字段血缘，如图 3-2 所示。

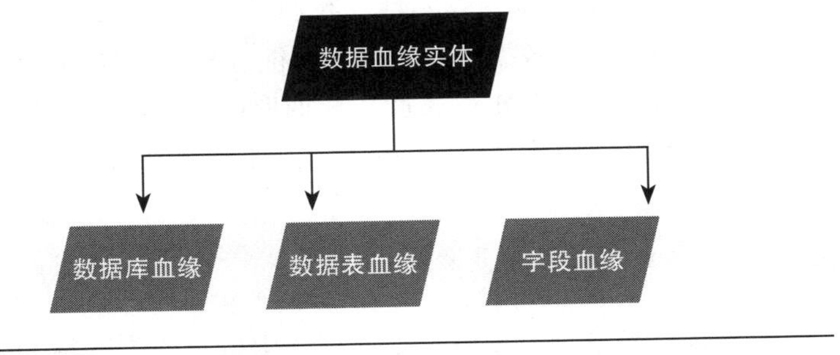

数据血缘的 3 种实体构成数据血缘的整体框架，不同颗粒度针对不同的分析场景，所花费的成本是不一样的

图 3-2　数据血缘的三种实体

数据库血缘、数据表血缘、字段血缘的构成关系见表 3-1。

表 3-1　3 种级别血缘的构成关系

类型	数据库血缘	数据表血缘	字段血缘
组成	源数据库	源表	源列（字段）
	目标数据库	目标表	目标列
	库地址		
	SQL 语句（在模型中称为 PROCESS）	SQL 语句（在模型中称为 PROCESS）	SQL 语句（在模型中称为 PROCESS）
	库与库之间的关系	表与表之间的关系	字段与字段之间的关系

数据血缘关系组通常包含如下内容：表，视图，结果集，关系，源，目标，处理过程（SQL statement），列、字段，变量（scalar、cursor、record、procedure）存储过程，参数，路径，错误等。

3.2.1　数据库血缘

顾名思义，数据库就是存放数据的仓库，是一个长期存储在计算机内的、有组织的、可共享的、统一管理的大量数据的集合。它的存储空间很大，可以存放千万条甚至上亿条数据，但数据库并不是随意存放数据，存放必须符合一定的规则，否则查询的效率会很低。常用的数据库有 MySQL、Oracle、SQLServer、SQLite、INFORMIX、Redis、MongoDB、HBase、Neo4J、CouchDB，以及 SAP 推出的 HANA 数据库等。

数据存储先后经历了层次数据库、网状数据库和关系数据库等多个发展阶段，这是一个随着数据库技术快速发展应不断变化的过程。这种形成了一种数据库之间的关系，另外，在信息化系统实现前，为了模拟数据的真实性，我们设置了不同的环境，通过一些仿真的数据来测试我们开发的一些应用在数据使用方面是否能够获得支撑。如图 3-3 所示，3 个不同的数据库——Oracle、DB2、MySQL，通过数据抽取或 API 的方式将数据同步到不同的库，形成数据库之间的关系。这种数据库之间的关系就是数据库血缘。

3.2.2　数据表血缘

表被定义为列的集合。与电子表相似，数据在表中按行和列的格式组织排列。表中的每一列都设计为存储某种类型的信息（例如日期、名称、金额等）。表上有几种控制（约束、规则、默认值和用户自定义数据类型）用于确保数据的有效性。在关系型数据库中，数据表是一系列二维数组的集合，用来代表和储存数据对象之间的关系，由列和行组成。

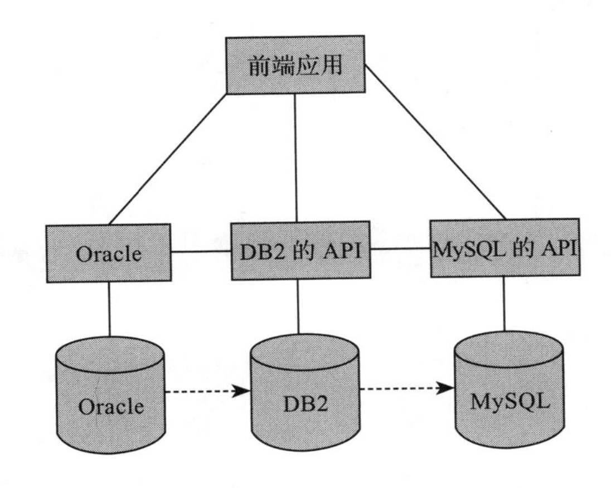

图 3-3　数据库之间的血缘关系

例如，在一个有关客户信息的表 Custom 中，每列包含客户的某个特定类型的信息，如“姓氏”，每行包含某个特定作者的所有信息，如姓氏、名字、住址等。

对于特定的数据表，列的数目一般事先就定好了，列可以用列名来识别。而行的数目可以动态变化，每行通常都可以根据某个（或某几个）列中的数据来识别。

数据表的架构（即结构）可以用列和约束表示。数据表中的列可以映射为数据源中的列，包含通过表达式计算所得的值、自动递增的值及主键值。数据表中的列、关系和约束名称是区分大小写的。因此，一个数据表中可以存在两个或两个以上名称相同但大小写不同的列、关系或约束。

数据表血缘是常用的血缘关系。在项目实施过程中，特别在一体化的整体系统建设之下，为了保证数据拉通统一，需要在一个数据库中做数据协作。因此，在数据处理过程中，需要知道目标表的字段来自哪张源表，这就要用到数据表血缘了。对于简单的 SQL 来说，我们很容易知道目标表的来源，但是对于复杂的 SQL，想得到源表就不是那么容易了，所以需要一个方法来便捷地找到目标表和源表，这里一般使用标识符来直接识别。

我们来看这样一个数据迁移案例：某银行将核心系统从旧系统切换至新系统，并对数据做了验证处理。在数据迁移过程中银行建立了对应的表，分别为**异构系统源表、数据源抽取表、数据中间表、数据目标表**。异构系统源表即老系统中的表，表中的数据是初始数据的来源；数据源抽取表用于抽取老系统的源数据，该表需要保证将数据完整地抽取到源表中；数据中间表作为数据源表流转至正式表的过渡表，用于存储按照新规则和要求处理过的有效数据；数据目标表用于将中间表处理合格的数据转移到目标系统。异构系统源表、数据源抽取表、数据中间表和数据目标表之间的关系如图 3-4 所示。

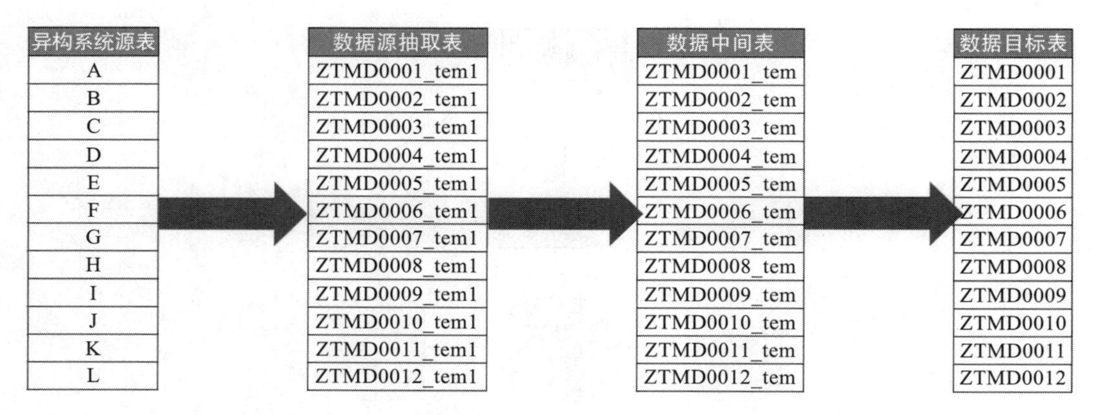

图 3-4 异构系统源表、数据源抽取表、数据中间表和数据目标表之间的关系

数据表血缘需要遵循的规则如下。

1）**确保最终目标数据的准确性。**根据迁移规则，核对源表到中间表、中间表到目标表的数据准确性。对于直接迁移或映射的字段，对比字段值，有加工规则的按规则加工后核对。对于源表、目标表字段类型不一致的，要关注类型转换是否正确。对于源表、目标表长度不一致的，要关注是否出现截取造成数据失真的情况。

2）**确保数据传输过程中的数据准确性。**要确保传输前后的元数据和目标业务数据的一致性，比如各表之间的数据存在差异性，就要明确哪些数据是转换过来的，哪些数据是直接抽取的。

3）**确保数据的合法合规性。**对迁入目标表的数据进行检验，保证数据在新系统的表中具有合法性。这里包含符合国家法律规定的数据，也包含符合公司审计管理制度、章程、规范的数据。在生产切换时，保证数据的合法合规性，降低业务系统切换风险，这是数字化过程中最基础的工作。

3.2.3 字段血缘

表中的每一行叫作一个“记录”，每一个记录包含所在行中的所有信息。记录在数据库中并没有专门的名称，常常用它所在的行数表示这是第几个记录。字段是比记录更小的单位，又称为列，字段集合到一起形成记录，每个字段描述数据的某一特征，即数据项，并有唯一标识，称为键值。在数据库表中常见的字段类型有二进制数据类型、字符数据类型、Unicode 数据类型等，如下所示。

- 二进制数据类型：包括 Binary，Varbinary，Image 等。
- 字符数据类型：包括 Char，Varchar，Text 等。
- Unicode 数据类型：包括 Nchar，Nvarchar，Ntext 等。

- 日期和时间数据类型：包括 Datetime、Smalldatetime、Date、TimeStamp 等。
- 数字数据类型：包括整数类型，如 Short、Int、Long 等；浮点数类型，如 Float、Double。

数据血缘中，字段血缘是最重要和核心的血缘关系，也是企业数据分析的重点，字段血缘分析在应用中也是最常见的。例如，某一字段的来源是客户管理系统，那么该客户数据就会同步到不同的下游系统。序列 A 向下游系统传输时可能出现 A1、A2、A3、……、A_n，所有数据的来源都是 A。这样寻找的血缘关系，我们称为字段血缘关系。

字段血缘的规范要求如下。

1）**单字段检验注意事项。**检验固定字段的取值范围和格式，举例如下。

- 日期合法性的检验：日期格式合法，如日期的格式要统一。
- 缺省字段的检验：表的必填字段不允许为空。
- 标准参数的检验：包括币种、账户状态、客户类型、凭证种类等。
- 值域标准检验：对字段中的标准值域、元数据进行检验。

2）**多字段检验注意事项。**检验表中多个字段间的关联和约束关系是否正确，举例如下。

- 冻结止付金额有值，检验冻结止付状态是否生效。
- 销户日期有值，检验销户日期是否大于或等于开户日期。
- 检验建筑面积是否为地上建筑面积和地下建筑面积的和。

3）**多表间数据关联与约束性检验注意事项。**检验多个数据表间的关联和约束是否正确，例如：

- 机构号是否存在机构信息表中。
- 柜员是否存在机构柜员表中。
- 凭证种类是否存在凭证种类登记簿中。
- 账户冻结是否存在冻结解冻登记簿中。
- 账户止付是否存在止付解付登记簿中。
- 产品码是否存在产品信息表中。

字段血缘是数据血缘分析中最核心的部分，字段级别的管理同样是数据资产管理必不可少的一部分。手动梳理字段血缘是一件工作量极大的事情。只有实现字段血缘工具自动化收集，才能降低梳理的工作量，有效提升企业数据资产管理的能力。

3.3 5个类型：数据血缘分类

常见的5种数据血缘有逻辑血缘、物理血缘、时间血缘、操作血缘和业务血缘。

3.3.1 逻辑血缘

逻辑血缘描述的是数据在逻辑上的关系，例如数据之间的计算逻辑、逻辑表达式、数据流程等。逻辑血缘通常用于描述数据转换和处理过程中的数据依赖关系，能帮助我们更好地理解数据处理的过程和结果。

在数据处理和转换过程中，逻辑血缘可以用来确定特定派生数据元素是如何计算而来的。例如 $y = 2x + 3$，其中 y 是根据 x 计算得出的。在这个例子中，逻辑血缘描述了 y 和 x 之间的计算关系。

3.3.2 物理血缘

物理血缘用于描述数据在计算机系统中存储和移动的路径，如文件、表格、列和行之间的关系。物理血缘通常是通过对数据存储和处理系统进行跟踪和记录实现的。通过描述数据在物理存储层面上的关系，能帮助我们更好地跟踪数据在不同系统和组件之间的传输和转换过程。

在数据仓库中，物理血缘可以用来确定特定派生数据元素存储在哪个数据表中。例如，一个数据从数据库中读取出来，并存储到本地磁盘上，物理血缘可以描述数据在数据库和本地磁盘之间的传输过程。

3.3.3 时间血缘

时间血缘指数据的时间依赖关系，如数据元素的创建、修改和访问时间。时间血缘可以用来确定数据的有效期，并且可以帮助追踪数据的时间戳问题。

例如，在金融领域，时间血缘可以用来追踪股票价格的变化。大部分数据管理基于时间血缘对数据从创建到修改再到删除的整个生命周期过程进行维护。这里时间血缘描述了数据的创建时间、修改时间和删除时间。

3.3.4 操作血缘

操作血缘指数据元素之间的操作关系，如数据元素的创建、更新和删除操作。操作血缘可以帮助跟踪数据的修改历史，并支持数据审计和合规性检查。

例如，在医疗领域，操作血缘可以用来追踪病人记录的修改历史。通过记录数据处理过程中的每个操作步骤，能帮助我们更好地跟踪数据的处理过程和结果。

3.3.5 业务血缘

业务血缘指数据在业务流程中的传递和使用关系。业务血缘可以用来帮助理解数据元素在业务流程中的重要性，以及数据的质量对业务流程的影响。

例如，销售订单涉及产品和客户信息，其中订单与产品、客户之间有关联关系。在这个例子中，业务血缘描述了订单与产品、客户之间的关联关系。

不同数据血缘具有不同的目的和应用场景，我们可以从以下几个方面确定使用哪种数据血缘。

- **数据元素类型**：数据元素包括文件、表格、列、行、字段或记录等，不同类型的数据元素可能需要不同类型的血缘进行跟踪和记录。
- **数据处理方式**：数据处理方式包括 ETL 工具、编程语言、数据库查询、数据挖掘等，不同的处理方式可能需要不同类型的血缘进行跟踪和记录。
- **数据处理环境**：数据处理环境包括本地计算机环境、云计算环境、分布式计算环境等，不同的处理环境可能需要不同类型的血缘进行跟踪和记录。
- **应用场景和需求**：不同的应用场景和需求可能需要不同类型的血缘来支持数据分析和决策，例如需要追踪数据的修改历史、追踪数据在业务流程中的传递和使用关系等。

需要注意的是，实际应用中这些血缘类型不是相互独立的，它们之间可能存在交叉和重叠。例如，物理血缘和时间血缘可能同时记录数据元素在系统中的存储路径和时间戳信息。因此，在实际应用中，需要根据具体需求和应用场景选择或组合不同类型的血缘来支持数据分析和决策。

3.4 5个层级：构建基础平台，支撑数据血缘分析

进行数据血缘分析一定要注重全链路方式的构建，也就是针对数据的全生命周期，实现数据血缘分析从数据采集到最终数据服务整个链路的贯穿。具有完整的数据血缘分析脉络有助于高效地实现问题定位以及影响面评估。全链路血缘架构图如图 3-5 所示，主要包含以下 5 层。

- **血缘采集层**：负责采集企业内部各个系统、各组件的任务血缘信息，将血缘解析为统一格式。
- **血缘处理层**：通过消息队列 Kafka 和实时任务对血缘信息统一处理并写入 GES 和 Hive，并提供血缘存储接口和血缘管理功能。
- **血缘存储层**：通过 GES 和 Hive 分别提供血缘信息存储和血缘分析统计功能。
- **血缘接口层**：提供血缘信息功能接口，对接血缘应用服务。
- **血缘应用层**：提供血缘服务，包括数据资产管理、数据治理、数据质量管理、数据安全监控等。

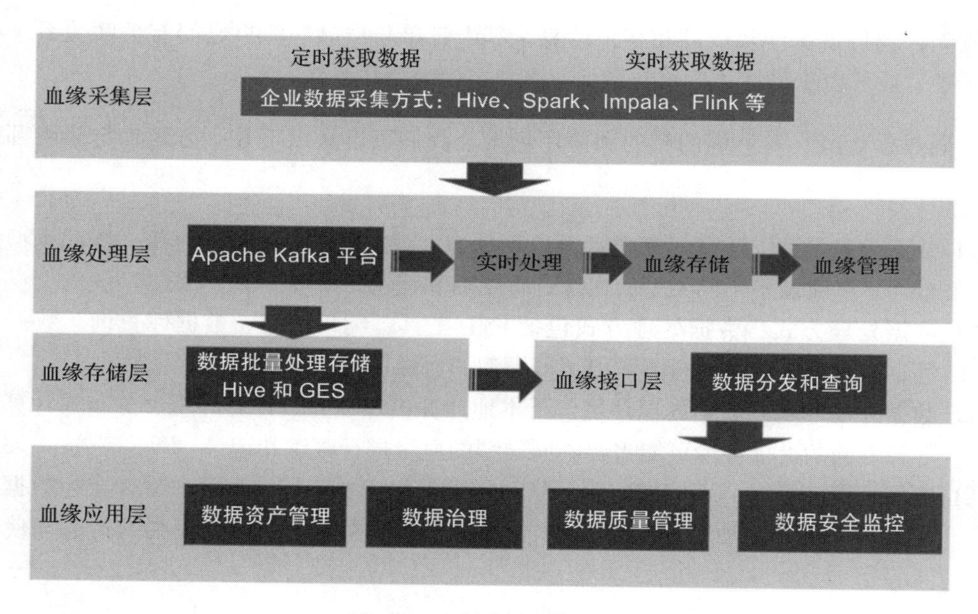

图 3-5　全链路血缘架构图

3.4.1　血缘采集层

在进行血缘采集之前，需要对原始数据进行收集，一般情况下有以下 5 种数据采集来源。

- **Kettle 数据抽取**：指对不同系统、层级之间的数据进行同步抽取，通常用于将一个平台的数据迁移到数据中台的场景。
- **HQL/SQL 数据采集**：指在数据统计分析或处理过程中，通过 HQL/SQL 脚本的方式实现数据的转换、计算、存储等。
- **非结构化文件数据采集**：指对非结构化文件及数据内容的采集和存储，通过对文件内容的解析提取，建立文件与数据内容的关联关系，并将其转换为结构化的信息进行存储。

- **任务执行日志采集**：基于任务的自动调度，自动生成任务的执行记录信息，并对任务的执行记录进行汇集。
- **自定义数据流程采集**：基于自定义的数据开发工具，将数据表和数据处理过程按照业务需求进行组合分析，以高效地实现数据的开发和存储应用。

有了原始数据，接下来就可以针对数据血缘进行采集了。因为数据血缘包含了系统血缘、作业血缘、库血缘、表血缘和字段血缘，且指向数据的上游来源。所以我们在搭建数据血缘分析平台的过程中，数据血缘采集一定要覆盖各类平台以及任务。一些常见的数据血缘采集方式如下。

- Hive SQL：主要参考 org.apache.hadoop.hive.ql.hooks.LineageLogger 通过 Hive hook 函数解析出数据血缘。
- Spark SQL：通过 QueryExecutionListener 的 onSuccess 方法来获取逻辑计划的输出，通过输出解析出字段血缘。
- Flink SQL：通过 Cava cc 来获取 SQL 的逻辑计划树（AST），通过遍历 AST 来获取执行的输入、输出结果，从而解析出表或字段血缘。
- Spark 或 Flink 任务：通过分析 DAG 中的关系，找出输入和输出，构建虚拟的输入 / 输出表来构建数据血缘。
- Impala：目前主要采用 filebeat 采集血缘日志，异步发送血缘信息到 Kafka。

为了便于数据血缘的采集和处理，我们在进行数据血缘采集的过程中，需要统一各个组件的血缘格式，主要包含输入输出表、字段等信息。数据血缘输出表见表 3-2。

表 3-2　数据血缘输出表

编　号	字　段　名	字段类型	描　述
1	database	String	当前数据库
2	duration	Long	血缘解析时间
3	engineName	String	执行引擎名称
4	execPlatForm	String	执行的平台名称
5	hash	String	执行 SQL MD5 值
6	jobIds	String	执行任务的 ID
7	jobName	String	任务名
8	oauser	String	执行任务的 OA 用户
9	queryText	String	执行 SQL 语句

（续）

编号	字段名	字段类型	描述
10	updataTime	Long	血缘更新时间
11	user	String	任务执行账号
12	version	String	血缘解析版本
13	tableLineages	JSON Object	表血缘信息
14	columnLineages	JSON Object	字段血缘信息

3.4.2 血缘处理层

血缘处理层主要由血缘实时处理模块、血缘存储接口模块、血缘管理模块组成。为了满足实时的血缘查询需求，在建设过程中可以采用 Flink 作为血缘实时处理模块的核心组件，通过实时分析处理上游采集到的血缘信息，并将其快速写入图数据库和 Hive 中。血缘实时处理模块需要支持批量删除 / 查询 / 更新以及模糊删除 / 查询 / 更新等功能。血缘存储接口模块主要用于开发快速写入图数据库及 Hive 的相关接口。血缘管理模块主要用于维护管理、统计及分析血缘信息。

3.4.3 血缘存储层

虽然传统的 MySQL 数据库也可以存储血缘数据，但是由于血缘数据的形态以及查询使用的场景对性能要求更高，所以在实际应用时，主要采用图数据库存储的方式。常见的图数据库的特点对比见表 3-3。

表 3-3 常见的图数据库特点对比

分类	Neo4j	JanusGraph	HugeGraph	Nebula
图查询语言	Cypher	Gremlin	Gremlin	nGQL（Nebula Graph 使用的声明式图查询语言，支持灵活高效的图模式）
适用场景	人工智能、欺诈检测、知识图谱	云服务商、具备技术能力深厚的厂商	互联网大规模数据场景、网络安全、金融风控、广告推荐、知识图谱等	
支持数据规模	社区版十亿级	百亿级	千亿级	千亿级

（续）

分类	Neo4j	JanusGraph	HugeGraph	Nebula
大规模数据写入性能	在线导入速度慢，速度在 1 万条 /s；脱机导入速度较快，速度在 10 万条 /s	较慢	在线导入速度快，速度在 10 万条 /s，支持覆盖写入	数据量小的时候 Nebula Graph 的导入效率稍慢于 Neo4j，但在数据量很大的时候，Nebula Graph 的导入明显优于 Neo4j 和 HugeGraph
大规模数据查询性能	快	较快	快，但不支持批量查询	高于 Neo4j，与 HugeGraph 相比也有一定的优势（ms 级查询延时）
功能完善程度	最完善	完善	完善	
Feacture 迭代速度	趋于完善，新功能上线较慢	主要提供后端存储的版本兼容适配，基本很少涉及 Feature	百度自研，更新迭代较快	
开放及可拓展	无法拓展	可拓展，源码改动，内置支持 4 种后端存储：HBase、Cassandra、Bigtable、Berkeley	可拓展，插件化机制扩展，内置支持 6 种以上后端存储：RocksDB、Cassandra、HBase、ScyllaDB、MySQL、postgreSQL 等	可拓展

3.4.4 血缘接口层

血缘接口层主要对接血缘应用层的各个服务，可通过开放血缘远程过程调用（RPC）接口，给各个应用服务提供丰富的接口选择。这部分没有什么需要特殊说明的，所以就不再展开了。

3.4.5 血缘应用层

目前，数据血缘信息以及分析结果主要用于数据资产管理、数据治理、数据质量管理、数据安全监控等场景。

1. 数据资产管理

绝大部分数据资产管理平台都提供了资产地图、资产治理、资产应用、资产运营等功能，如图 3-6 所示。数据地图支持以扇形图及图表等可视化形式展示各类数据资产的占比，通过不同层次的图形展现粒度控制，满足业务上不同应用场景的数据查询和辅助分析需要。

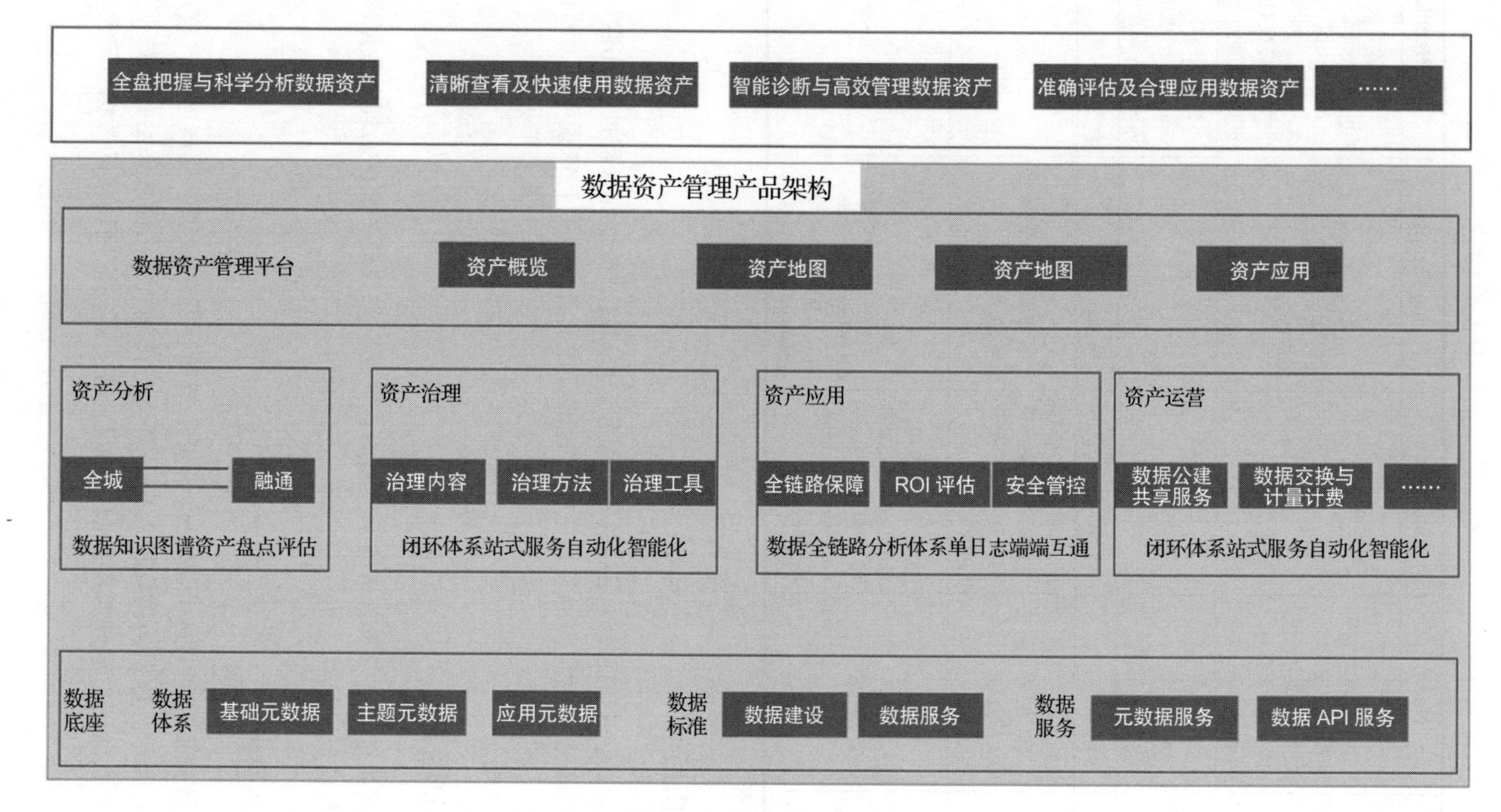

图 3-6 数据资产管理示例

数据地图是基于所有元数据搭建起来的数据资产列表。我们可以将数据地图看作将所有元数据进行可视化呈现的系统。它不仅能够解决有什么数据的问题，还能够进行检索，解决数据在哪里的问题。

数据地图提供了多维度的检索功能，使用者可以按照表名、列名、注释、主题域、分层、指标进行检索，将检索结果按照匹配相关度进行排序。考虑到数据中台中有一些表是由数仓维护的，有一些表数仓已经不再维护，因此在排序时，可以增加“数仓维护的表优先展示”的规则。

数据地图还提供了按照主题域、业务过程进行导览的功能，这个功能可以帮助使用者快速了解当前有哪些表可以使用。当使用者定位某个表并打开时，会进入详情页，展示表的基础信息，包括字段信息、变更记录、产出信息、分区信息及数据血缘等，如图 3-7 所示。

2. 数据治理

数据治理是指在数据的全生命周期内，对数据进行管理的原则性方法，其目标是确保数据安全、及时、准确、可用和易用。数据治理主要围绕“指标清晰，质量规范，资源合理，厉行节约”的原则开展。

数据治理通过分析库、表、字段的血缘信息，从价值密度、访问频次、使用方式、时效性等级等维度对数据进行评估，从而得出数据热度等级，包括热数据、温数据、冷数据和冰数据。通过血缘信息查看离线数仓某个任务链路的上下游依赖，可同时分析链路上表的使用冷热程度，优化 ODS（操作数据存储）、DWD（数据仓库维度）上的相关任务和 SQL，裁剪合并低价值表，缩短数据流 ETL 链路，从而降低维护成本，提升数据价值。

3. 数据质量管理

数据质量管理旨在实现高效监控每一类作业的运行状态，洞察关键信息，形成事前预判、事中监控、事后跟踪的质量管理闭环流程。在数据质量监管平台建设中，可能出现如下几个问题。

- 离线实时监控体系不完善，监控有盲点。
- 全链路难以保障数据质量，数据不可信。
- 数据依赖复杂，链路深，数据产出易延迟。

针对上述问题，基于全链路数据血缘，可以从如下方面提升数据全生命周期内的数据质量。

数据地图
数据全景
资产注册
数据运营
数据质量
标签管理
系统管理
isoftstone
数据地图
请输入关键字，如"用户"或者 t_user_t
搜索
数据地图围绕数据搜索，服务于数据分析、数据开发、数据挖掘、数据运营等数据表的使用者和拥有者，提供方便快捷的数据搜索服务及影响分析
HR
主题域总数 16 业务对象总数 10
逻辑实体总数 20 已集成总数 3
供销
主题域总数 4 业务对象总数 3
逻辑实体总数 6 已集成总数 0
财经
主题域总数 0 业务对象总数 0
逻辑实体总数 0 已集成总数 0
物流
主题域总数 0 业务对象总数 0
逻辑实体总数 0 已集成总数 0
仓储
主题域总数 0 业务对象总数 0
逻辑实体总数 0 已集成总数 0
质量
主题域总数 5 业务对象总数 3
逻辑实体总数 6 已集成总数 3
设备
主题域总数 5 业务对象总数 3
逻辑实体总数 5 已集成总数 0
更多

图 3-7 数据地图展示

- 流量数据所有者主动通知，根据血缘关系，通知有调度依赖的任务，提供多层通知选项，以避免过度干扰。
- 离线ETL链路，若ODS或DWD的某个表的关键字段发生变更，通过血缘信息，自动发告警给下游依赖表及任务负责人。
- 采用实时Flink任务，若source端Kafka字段结构发生变更，根据血缘关系，自动通知下游依赖表及任务负责人。

4. 数据安全监控

随着国家对数据流通过程中数据的安全越来越重视，若没有有效识别安全级别高的数据，可能产生安全合规风险。因此，很多企业都已经构建了资产安全等级评估平台，支持通过“自动化+手动”等级评估方式实现资产安全定级，但存在定级覆盖率不高、精准度较低等问题。

基于全链路数据血缘，可根据不同数据安全级别，先利用血缘打标接口对不同表字段进行打标，然后识别出打标字段的上下游血缘，自动打上安全等级标签。

3.5 本章小结

数据全生命周期管理是数据精细化管控的趋势。随着数据成为重要的新型生产要素，企业要更全面地理解和管理数据，从数据生产、加工、传输、消费到数据失效，在每个过程中都需要管理好数据。数据血缘就是在全周期过程中都可以查看数据的变化过程。数据在每个节点、每个时刻都会发生相应的变化，抓住这些变化，就能得出数据的最终状态。

数据血缘的3种实体的划分，遵循数据血缘分析过程中对不同颗粒度的血缘的要求，以求满足不同的业务场景和需求。数据血缘作为目前可知最有效的数据管理方法理论，能满足从数据库的转换，数据表迁移，到数据表、字段的血缘关系管理。

对于数据库血缘，由于每个企业的数据库通常对应着业务软件系统，一般不会有大量增加，最多按照不同系统来区分。因此，许多企业拥有几十个、上百个，甚至上千个数据库，一般来说，血缘数据量不大，梳理起来相对简单，基本上可以通过线下人工进行管理。

在许多大型企业数字化实施过程中，我们会发现许多单位的数据表多达上百万张，这时候很难通过人工简单判断数据关系。如果缺乏这样的数据血缘链路，一旦人员离职，后来者将难以快速检索出各表之间的关系。

数据字段血缘的精细度和数据量都非常大，除了应用自动化收集工具、挖掘海量数据工具及最新技术之外，我们还应重点关注核心共享的数据字段或指标的血缘建设，切勿贪多贪全，全面梳理，这样会耗费大量人力物力，最终还可能导致数据血缘建设无法达到预期，甚至全盘失败。

一个完善的数据血缘分析平台，由 5 个层级组成。血缘采集层负责采集企业内部各系统、各组件的任务血缘信息，将血缘解析为统一格式；血缘处理层通过消息队列 Kafka 和实时任务对血缘信息统一处理并写入 GES 和 Hive，并提供血缘存储接口和血缘管理功能；血缘存储层通过 GES 和 Hive 分别提供血缘信息存储和血缘分析统计功能；血缘接口层提供血缘信息功能接口，对接血缘应用服务；血缘应用层提供血缘服务，包括数据资产管理、数据治理、数据安全监控等应用。

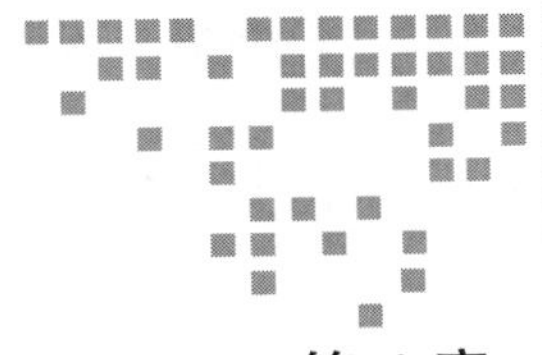

第4章 Chapter 4

数据血缘实施路径

从实际项目来看，数据血缘实施面临的问题主要集中在数据血缘质量不高、实施过程中方法论不清晰、数据血缘采集难等方面。本章首先介绍数据血缘实施过程中的问题，接下来详细介绍数据血缘的建设方式和建设步骤，这将有助于我们在数据血缘建设中少走弯路。

4.1 数据血缘实施过程中的问题与难点

前文重点阐述了数据血缘的定义、价值以及整体的框架模型。在过往数据血缘实施的过程中，我们总结归纳了以下3类常见的问题与难点。

4.1.1 血缘质量不高

血缘质量不高，具体表现为如下几个方面：准确率低下，覆盖率不高，时效性不强。数据血缘主要关注数据在加工、流转过程中产生的新数据与自身的关系，所以数据是分析的对象。而要发挥数据应有的价值，首先要确保数据的质量。DAMA定义了数据质量维度，结合实际的业务场景，总结了数据质量的7个核心维度：准确性、及时性、完整性、合理性、一致性、唯一性、安全性。

- **准确性**。准确性是指，一个数据值与准确值之间的一致程度，或与可接受程度之间的差异。准确性在数据质量评价维度里面是排在第一位的，如果数据都不准确，数据产品可视化效果再炫酷、交互体验再好，也都无济于事。准确性也是业务人员信任数据团队的重要前提。当产品呈现的数据多次不准确后，一旦数据出现波动，业务人员第一反应往往是数据不准确，而不是先看是不是由于业务变化产生了数据波动。例如，我们在做地产数据项目的过程中，可能会遇到数据不准确的情况，比如建筑面积录入不准将导致后续一系列指标数据不准确，包括货值计算、盈利测算等，那么最终的决策分析就无从谈起。同样，如果做数据血缘分析时，数据的准确性有待提高，那么最终数据血缘分析的结果也将会与实际情况差距巨大。

- **及时性**。数据从采集到加工再到输出应用，需要经过很长的数据仓库 ETL 计算、同步的过程，任务运行耗时、运行质量、任务的依赖关系，都会影响数据最终产出的时间。一般离线数据分析在次日凌晨 00：00 开始（即常说的 T+1，指今天分析的是昨天的完整数据）执行任务。对于数据量大、计算耗时长、依赖任务多的任务，数据可能要在第二天下午、或者 T+2 才能输出。业务人员在上班时间需要看数据，但是数据还没跑完，就会影响业务人员正常使用数据了。数据及时性主要受大数据集群服务的稳定性、存储和计算资源的影响，如果集群资源紧张，任务又需要大量资源，那么可能会导致原来 9 点前完成的任务，到下午还没完成。除了在系统层面保障数据的及时性，业务人员在系统录入的过程中也要保障录入的及时性，例如拿到录入标准和数据后，我们常要求对应的录入人员在多长时间内完成录入，一旦数据缺乏及时性，其价值也会打折。
- **完整性**。完整性主要涉及实体缺失、属性缺失、记录缺失和字段值缺失 4 个方面。举个例子，项目信息表会根据不同项目生成一个唯一 uuid，但是针对历史项目进行数据清洗时会发现很多 uuid 为空的数据。尽管这类数据在前台可能无法显示，但在数据分析的过程中仍然会产生较大的歧义。于是，针对埋点数据的核心字段，都需要进行完整性监控，从数据底层更早发现问题。在系统层面，我们也要特别注意，如果不是可以缺省的字段，就必须在系统层面进行严控，否则可能出现漏填的情况，进而给后续的数据治理带来巨大的额外工作量。
- **合理性**。合理性主要指格式、类型、值域和业务规则等合理有效。由于业务端并不会对所有用户的交互输入操作进行规则验证，因此对于一些异常操作，会导致数据出现异常的情况。比如，出生日期为 1900 年 1 月 1 日，或者项目金额过低、过大，这种数据可能就属于不正常的数据。通过数据合理范围的设定，可以及时找到这些数据，由运营人员或者审计部门进行审核。
- **一致性**。一致性指系统间数据的一致性，以及相互矛盾的一致性，包括业务指标的统一定义和数据加工逻辑统一。数据从业务系统同步至数仓，可能会由于系统、工具异常，导致数仓数据和业务端数据不一致。对于数据产品端，主要是指同一指标或标签在数据处理逻辑上的不一致，导致数据无法对齐。在数据加工层，需要对数仓贴源层与业务数据源的数据量、核心字段的一致性进行监控。

- **唯一性**。唯一性指数据主键的唯一，避免出现数据主键重复，导致数据统计异常。
- **安全性**。数据加工处理过程要在加密状态进行，以保证数据的安全性。在数据产品端展示敏感数据会带来法律风险。

在数据血缘实施的过程中，首要解决的就是数据质量问题。数据血缘分析与数据质量提升是相辅相成的。一方面，数据血缘分析有助于发现数据质量问题并进行改进；另外一方面，只有高质量的数据才能更有利于发挥数据血缘分析的价值。如果我们在做数据血缘分析的过程中，存在数据不完整、录入不及时、不准确等数据质量问题，那么数据血缘分析得出的结论是不可靠的，最终可能导致整个数据血缘项目失败。

当然，数据血缘质量的提升也不是一蹴而就的事情。首先需要解决“数据孤岛”问题。在一些企业中，不同的部门使用不同的应用系统，并将信息存储在单独的数据库中，这些单独的数据库可能包含相同的信息，但数据从一个数据库到另一个数据库并不总是一致的，并且由于不断增长的数据量，如果没有在源头修正错误数据，则会增加数据质量提升的难度。

其次，企业通常具有结构化数据（存储在数据库中的数据）和非结构化数据（例如文本文档、图像、视频、声音文件、演示文稿等），并且数据格式也不同。企业在其系统上可能拥有数千个应用程序，并且每个应用程序可以读取和写入许多不同的数据库。因此，实现整体数据质量提升是一项长期的、困难的工作。

4.1.2　实施路径不清晰

虽然 IT 类的项目实施方法论在国内已经趋于成熟，且大部分项目管理实施人员也都具备一定的项目管理能力，但是由于每个项目情况各不相同，因此在实施的过程中还应该注意做到有的放矢，按照不同类型去规划实施项目。数据血缘分析属于数据类的项目，其最大的特点就是实施路径复杂，具体表现如下。

1）缺乏明确的目标。

- 不能说没有目标，而是目标很大、很泛、不聚焦，不考虑目标的可实现性和可衡量性，例如，数据血缘项目的目标就是解决企业的所有数据问题。这种情况下，实施路径就一定会出现混乱的情况，因为无论是业务部门和 IT 部门，还是外部供应商，都会站在自己的角度去推进项目，最终导致目标不一致。
- 目标太过短视，导致实施过程中不断返工。例如，在启动数据血缘分析项目时，只是为了查看数据与数据之间的关系。那么，在项目交付过程中，一旦有新增需求或者其他分析需求时，就会出现返工情况，导致项目整体成本增加，同时还增加了项目失败的风险。

- 项目目标不与业务目标挂钩，只从技术角度考虑，不考虑为什么要进行分析。最终导致的结果就是数据血缘分析出来的东西无法满足业务需求，与业务脱节，价值大打折扣。

2）缺乏明确的权责分工。

- 数据的拥有权、使用权、管理权等职责没有被清晰定义，导致数据管理混乱，甚至真正出现问题后相互推诿，没有人愿意负责。
- 没有建立明确的数据确权和问责机制，出现问题不知道该找谁，需要多方协调，导致项目实施速度变慢，并导致许多问题不能得到解决。
- 分工不明确，例如让 IT 人员去关注数据质量的定义和趋势，分析并确定出数据质量问题的根本原因；让业务人员去剖析数据结构，梳理数据血缘。这种让人们做不擅长事情的情况最终可能导致各种问题层出不穷。

3）缺乏明确的顶层规划。

- 如果把数据血缘分析理解为提升开发效率的工具，那么它的价值一定是有限的。按照 IT 人员的思维进行数据血缘分析，得到的结果也一定是失之偏颇的。我们在做数据血缘分析的过程中，往往会出现被动接受的情况，提什么需求就做什么需求，只关注需求业务流程、不关注数据质量。
- 缺乏数据治理的顶层规划，把数据血缘作为一个一次性项目。一开始期望很高，认为通过一个项目，数据相关问题会很快得到解决，工作效率也能大幅提高。但是，数据血缘分析的最终目标是提升数据价值，是一个持续且漫长的建设运营过程，需要逐步完善、分步迭代，指望一步到位解决所有的问题是不现实的。项目型的数据血缘建设是不全面的，无延续性，能够解决一时的数据问题，但很难获得持续的数据价值，效果也注定是不尽如人意。

4.1.3 数据血缘关系自动解析难

要做到数据血缘关系自动解析是代价非常大的。如果要通过自动化的形式去分析数据血缘关系，追溯数据血缘脉络，那么首先要做的就是针对元数据进行管理，但是就笔者走访和实施过的企业来看，大部分都没有元数据管理意识，或者说针对元数据的管理只是浮于表面。

有些企业会建立元数据管理平台，或者称为数据资产管理平台。这里面的数据会通过线下初始化的方式导入，但是导入的数据是否准确，对应的元数据有没有更新就不得而知了。到了最后，系统成为“鸡肋”，线上和线下的数据也完全对不上，自动解析就无从谈起了。

其次要确定元数据管理的范围。企业在启动数据管理工作的过程中，一定是抓重点，先将业务关注的、使用频繁、价值高的数据进行元数据管理。所以，我们很难针对所有涉及需要血缘分析的数据都进行元数据管理，那么这一部分数据就只能通过人工的方式解析相应的血缘关系。

最后，要找到合适的工具。目前市面上针对数据血缘关系自动解析的工具也是层出不穷，例如 SQL 解析器 jsqlparse 就是其中之一。jsqlparse 获取元数据之后，首先根据元数据表中的 SQL 抽取语句，自动化获取当前表的来源表，并进行数据血缘录入。而手工解析花费的时间较多，例如，当前表无 SQL 抽取语句，数据来源为手动导入、代码写入或 SparkRDD 方式录入，这就无法通过自动化方式确定来源表，我们需要对来源表进行手动登记，然后进行数据血缘的录入。

如何最大限度地将数据血缘解析做到自动化，是项目实施过程中的重点工作。

4.2　数据血缘建设方式

我们在实施数据血缘项目时，首先需要明确到底以哪种建设方式推进。每家企业对于建设方式的选择各有不同，比如可能基于资金投入、内部技术人员的能力判断或是人力资源投入等因素进行选择。

4.2.1　常见的 3 种建设方式的优劣势

常见的 3 种建设方式的优劣势见表 4-1。

我们可以根据企业自身情况以及需求去判断选择哪种建设方式合适。

如果企业的 IT 建设较复杂，且具备一定的技术研发能力，在成本有限的情况下可以选择用开源系统建立数据血缘系统。使用这种方式建立数据血缘系统具有较高的灵活性、可定制性和成本优势，但也需要一定的技术能力和经验，并且需要自行解决问题和跟踪更新。

如果企业规模小，没有相应的研发资源，企业的 IT 建设能力比较薄弱，但又迫切地需要解决数据问题，那么在企业管理流程相对固化、业务需求相对明晰的情况下，可以选择引进厂商平台构建数据血缘系统。使用这种方式建立数据血缘系统具有较高的功能性和可靠性，可以提高数据血缘的质量和效率，但也需要付出一定的成本，并且受到技术局限。

表 4-1 常见的 3 种建设方式的优劣势

	优势	劣势
使用开源系统建立数据血缘	• 开源系统通常具有较高的灵活性和可定制性，可以根据实际需求进行修改和定制 • 开源系统通常是免费的，可以降低建立数据血缘的成本 • 开源系统通常有活跃的社区支持和开发人员维护，可以及时修复漏洞和添加新功能 • 开源系统通常具有较好的可扩展性和可移植性，可以方便地扩展到其他系统 • 开源系统的源代码是公开的，可以方便地进行审计和验证，提高了数据安全性	• 开源系统通常需要专业人员进行部署、配置和维护，因此需要一定的技术能力和经验 • 开源系统的文档和技术支持可能不如厂商平台完善，需要自行解决问题或依赖社区支持 • 开源系统的更新和升级可能不如厂商平台及时，需要自行跟踪和更新版本 • 开源系统的可靠性和稳定性可能不如厂商平台，需要进行充分测试和验证
引进厂商平台建立数据血缘	• 厂商平台通常具有完善的功能和性能，能够满足企业的各种需求 • 厂商平台通常具有成熟的产品生态圈和广泛的用户群体，可以方便地获取支持和反馈 • 厂商平台通常提供专业的技术支持和培训服务，可以提高建立数据血缘的效率和质量 • 厂商平台通常具有良好的可靠性和稳定性，可以提高数据安全性和稳定性 • 厂商平台通常提供可视化的操作界面和报表展示功能，可以方便地进行数据血缘的管理和监控	• 引进厂商平台需要付出一定的成本，包括购买费用、培训费用、维护费用等 • 引进厂商平台可能会受到厂商的限制和影响，例如平台升级、维护等 • 引进厂商平台可能会受到技术局限，例如平台的适用范围和扩展性 • 引进厂商平台可能需要一定的学习和适应期，需要投入一定的人力和时间
选择自建方式建立数据血缘系统	• 定制化：自建方式可以根据组织的具体需求进行定制，可以根据特定的业务流程、数据结构、技术架构等来定制数据血缘系统，确保系统与业务紧密结合 • 灵活性：自建方式的数据血缘系统可以根据组织的发展和变化进行灵活调整，随时进行优化和升级，适应不同的业务需求 • 安全性：自建方式的数据血缘系统可以针对组织的数据安全需求进行定制和强化，确保数据的安全性和可靠性	• 需要人力资源：自建数据血缘系统需要组织投入大量的人力资源，包括开发人员、测试人员、运维人员等，这会增加组织的人力成本 • 开发周期长：自建数据血缘系统需要进行需求分析、设计、开发、测试、部署等一系列流程，开发周期相对较长 • 维护成本高：自建数据血缘系统需要进行长期的维护和升级，维护成本较高

如果企业内部有非常成熟的 IT 技术团队，且企业属于多元化或者系统建设非常复杂的情况，从长远投入产出的角度考虑，可以选择自建方式建立数据血缘系统。自建方式适合对数据血缘系统有较高定制化需求的组织或企业，但需要考虑人力和资金成本的投入。

4.2.2　建设方式注意事项

无论我们选择哪种建设方式，在建立数据血缘系统的过程中，都需要考虑以下几个方面。

- **系统架构设计：** 需要为数据血缘系统设计合理的架构，包括数据采集、数据存储、数据处理和数据展示等模块，需要根据实际需求选择适合的技术栈和框架，以确保系统稳定和高效。
- **数据采集和处理：** 数据血缘系统需要采集和处理各种数据源的元数据，包括数据库、文件、消息队列等，需要根据不同数据源的特点选择不同的采集和处理方式，确保采集的数据准确、完整和可靠。
- **数据存储和管理：** 数据血缘系统需要存储和管理采集到的元数据，以支持数据血缘分析和查询，所以需要选择合适的存储技术和方案，以确保数据安全和使用高效。
- **数据血缘分析和展示：** 数据血缘系统需要提供数据血缘分析和展示功能，以帮助用户了解数据流向和数据质量，需要设计合理的数据血缘视图和报告，以满足不同用户的需求。
- **安全和权限管理：** 数据血缘系统需要提供安全和权限管理功能，以确保数据的安全和隐私，需要设计合理的权限模型和访问控制策略，以限制用户对数据的访问和使用。

4.3　数据血缘建设步骤

数据血缘建设是进行数据血缘管理的前提，数据血缘工具需要能够回答关于数据从属于谁，在何时、在何地、为什么和如何更改数据的问题。实际上数据血缘建设是一个数据输出时，附带了上下文以方便数据使用者理解数据的过程。无论选择何种建设方式，一个完整的数据血缘项目都应包含 6 个步骤，见表 4-2。

表 4-2　数据血缘项目建设步骤

第一步：明确数据血缘目标	第二步：制定数据血缘需求范围	第三步：构建数据血缘系统	第四步：完成数据血缘收集	第五步：完成数据血缘初始化	第六步：实现数据血缘的可视化
1.1 数据管理现状调研	2.1 数据血缘全员普及培训	3.1 制定数据血缘蓝图方案	4.1 确定数据血缘收集方法	5.1 完成数据血缘数据初始化	6.1 设置数据血缘可视化内容
1.2 数据管理成熟度评估	2.2 数据血缘需求调研	3.2 搭建数据血缘系统	4.2 进行数据血缘收集		6.2 设置数据血缘数据更新频率

（续）

第一步：明确数据血缘目标	第二步：制定数据血缘需求范围	第三步：构建数据血缘系统	第四步：完成数据血缘收集	第五步：完成数据血缘初始化	第六步：实现数据血缘的可视化
1.3 根据评估结果确定数据血缘未来建设级别	2.3 确定数据血缘字段范围	3.3 确定数据血缘存储技术	4.3 复核数据血缘收集质量		6.3 选择数据血缘展现方式
1.4 收集管理人员对数据血缘项目的预期	2.4 完善数据血缘详细计划	3.4 测试及部署数据血缘系统			6.4 设置数据血缘自动预警机制
1.5 确定数据血缘项目目标					
1.6 建立数据血缘项目组织					
1.7 制定数据血缘主项计划					
1.8 召开项目启动会					

4.3.1 明确数据血缘目标

明确数据血缘目标是数据血缘建设的首要任务，确定好目标能够从上至下达成共识，有利于项目高效推进。明确数据血缘目标主要有以下 8 个工作事项。

1. 数据管理现状调研

制定数据血缘建设范围之前，我们需要熟悉该企业的数据管理整体现状，所以需要对企业数据管理现状进行充分调研，充分了解企业当前数据管理的模式和管理的程度。调研问题归纳起来可以包含但不限以下内容。

（1）企业数据管理机制现状

- **数据战略**：是否制定了企业级的数据战略，且数据战略是否与业务战略相融合？
- **组织现状**：是否有专门的数据管理组织，且组织目前有高层领导参与，责任到人到岗？
- **制度现状**：是否有专门的管理制度，且针对管理制度有考核机制，能有效执行？
- **流程现状**：是否将数据管理流程进行固化，例如数据权限的新增、更新、剔除等流程，且已在系统层面实现？

（2）数据对象使用现状

- **数据标准现状**：是否制定了数据标准？标准执行情况如何？
- **数据质量现状**：数据质量是否得到有效监控？质量问题能否有效解决？
- **数据模型现状**：是否制定了企业级核心数据字段模型？模型的应用情况如何？
- **IT 系统支撑现状**：对于数据管理目前应用的 IT 系统情况如何？
- **数据集成现状**：目前数据集成的方式有哪些，例如 API 访问、ESB 订阅、数据库读写等方式？各种集成的应用场景有哪些？

（3）企业产品数据现状

- **结构管理现状**：目前企业 IT 系统的应用架构情况如何？
- **数据应用现状**：了解数据的应用情况，例如是否有做 BI 报表、管理驾驶舱等数据分析？
- **产品数据全生命周期管理**：针对数据的生产、使用、销毁等全生命周期的管理情况如何？
- **数据血缘现状**：目前企业是否有进行数据血缘分析？若有，采用的是线上还是线下的方式？

2. 数据管理成熟度评估

根据以上企业现状调研的结果，我们需要初步评估出该企业数据管理成熟度等级，以便适配后续制定的数据血缘方案。数据管理能力成熟度模型（DCMM）是我国首个数据管理领域的国家标准，在工业和信息化部信息化和软件服务业司的指导下，由中国电子技术标准化研究院（简称“电子标准院”）于全国范围内开展评估业务。DCMM 能够发现企业数据管理过程中存在的问题，并且结合其他企业的实践经验，给出针对性的建议。DCMM- 能力等级图如图 4-1 所示。

- **1 级**：初始级或临时级，成功取决于个人的能力。
- **2 级**：受管理级，制定了最初级的流程规则。
- **3 级**：稳健级，已建立标准并使用。
- **4 级**：量化管理级，能力可以被量化和控制。
- **5 级**：优化级，能力提升的目标是可量化的。

在调研时参考 DCMM 的评级内容，评估出企业的数据管理成熟度。根据成熟度制定数据血缘未来建设级别，以保证项目成功落地。

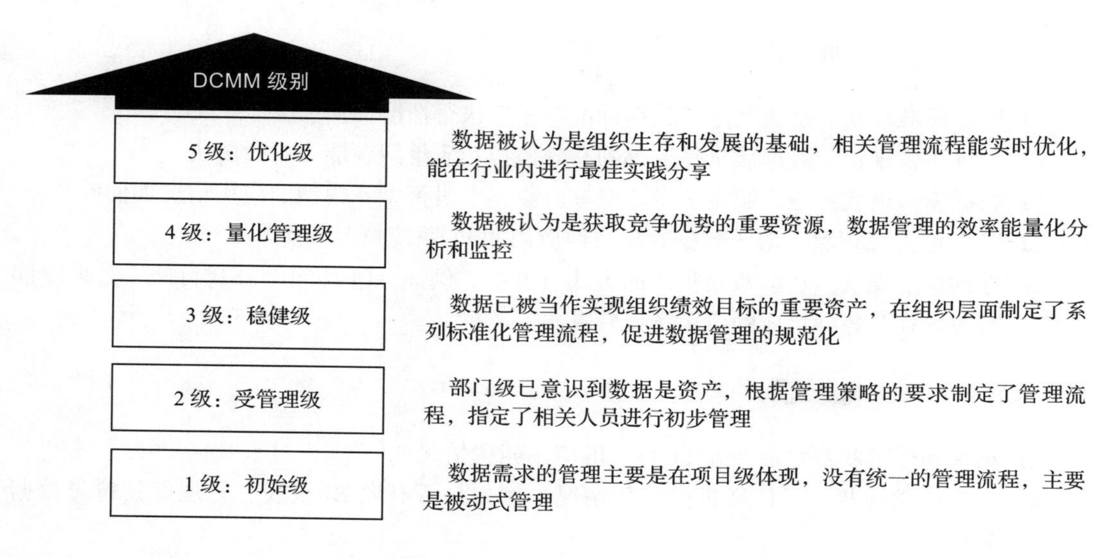

图 4-1 DCMM- 能力等级图

3. 根据评估结果确定血缘未来建设级别

明确企业数据管理成熟度后，我们可以基于每个等级提出改进措施及建议，制定数据血缘的建设方向。不同的企业数据成熟度等级对应不同的数据血缘管理能力，数据血缘管理模型（Data Consanguinity Evaluation Model，DCEM）级别划分如下。

- 0 级：企业缺乏数据管理能力，不具备做数据血缘的能力。
- 1 级：企业数据管理依赖于个人的能力，不建议进行数据血缘建设。
- 2 级：已针对部分核心业务场景及数据对象做了数据血缘建设。
- 3 级：已全面建设数据血缘，但数据血缘基础能力需提升。
- 4 级：已广泛应用自动化采集和各类可视化技术，但应用场景未全面覆盖。
- 5 级：数据血缘已全面覆盖各类应用场景。

4. 收集管理人员对数据血缘项目的预期

收集管理人员对数据血缘项目的预期，可以帮助我们了解本次数据血缘项目各相关方的需求、目标及期望。回归数据血缘的本质目标，建设数据血缘就是要快速解决需求问题。预期的方向有：明确数据血缘系统需要具备的功能，数据血缘需要到达的颗粒度级别（数据库、数据表、表字段），数据血缘系统最细节点粒度对应的业务实体边界范围等。一般来说，表级粒度血缘可以解决 80% 左右的痛点需求，字段级血缘较表级血缘工作量大许多，它覆盖范围广，梳理时需要投入的成本更大，这些都是初期需要考虑的。可以采用如下问题了解管理人员对数据血缘项目的预期。

- ❑ 哪些数据的变化是经营管理人员最为关注的？
- ❑ 对本次建设数据血缘项目的期望是什么？
- ❑ 是否已针对数据进行了资产管理？如是，那么管理的效率如何？
- ❑ 项目投入产出比的评估方法是否合理？
- ❑ 项目需要提升企业经营效益到什么程度？

5. 确定数据血缘项目目标

数据血缘实施之前，我们需要弄清楚数据血缘项目所要达到的目标，核心要解决什么问题。比如数据变更时能更有效评估对下游应用的影响，快速评估出变化带来的企业风险。如某企业在实施数字化项目时，将供应商字段“银行联行号”信息变更，导致供应商付款出错未能及时付款，造成法律违约和资金风险。导致出现这样的问题，本质原因在于事前未对该字段做详细评估，未能及时发现很多单据在途，导致变更后数据发生错乱。

所以在制定数据血缘项目目标时，首先要明确企业要解决的数据方面的突出问题；其次需要知道数据血缘的处理范围，例如是否属于核心的共享数据或基础元数据；最后，要明确数据血缘收集的颗粒度需要到什么级别，需要分析的数据核心点在哪里。

例如某制造企业，对于主数据的建设非常重视，企业想通过数据血缘提升问题解决、系统开发及运营的效率，同时提高数据流转效率。该企业的供应商主数据字段如表 4-3 所示：供应商主数据分为外部供应商、内部企业供应商、员工供应商，针对不同类别的供应商，主数据字段要求不一致，如外部企业单位需要统一的社会统一信用代码标识，管理人员要求达到的目标是保证这个数据字段的来源准确，流向和定义清楚，数据准确，保证该编码与工商登记的信用代码一致，否则就容易造成数据错乱，导致企业损失。

表 4-3　供应商主数据字段表

字段名称	是否必填	技术名称	字段类型	字段长度
供应商主数据编码	是	LIFNR	CHAR	10
供应商主数据名称	是	NAME1	CHAR	35
供应商分类	是	KTOKK	CHAR	4
供应商性质分类	是	ZZXZFL	CHAR	2
国家	是	LAND1	CHAR	3
统一社会信用代码	否	ZZSTCEG	CHAR	18
境外工商注册号	否	ZZJWGS	CHAR	50
身份证	否	ZZSTCD3	CHAR	18

（续）

字段名称	是否必填	技术名称	字段类型	字段长度
护照号	否	ZZSTCD1	CHAR	10
员工编码	否	ZZYGH	CHAR	12
员工所属利润中心	否	ZZLRZX	CHAR	10
员工所属成本中心	否	ZZCBZX	CHAR	10
内部组织代码（SAP）	否	ZZSAPZZ	CHAR	10
内部组织代码（NC）	否	ZZNCZZ	CHAR	5
法人	否	ZZFR	CHAR	35
企业纳税人类别	否	ZZNSLB	CHAR	2
票据协同标识	否	ZZPJXT	CHAR	1
SAP 供应商类型	否	ZZLX	CHAR	2
银行大类	否	BPKIND	CHAR	4
是否合资单位	否	ZZHZGS	CHAR	1
供应商来源系统	否	SORTL	CHAR	1
合作伙伴类别	否	TYPE	CHAR	1
合作伙伴角色	否	RLTYP	CHAR	6
供应商名称（个人）	否	MC_NAME1	CHAR	40
语言	否	SPRAS	LANG	1
是否金融机构	否	ZZJRJG	CHAR	1
是否 NC 历史数据	否	ZZLICENSE	CHAR	10
内部法人组织代码（SAP）	否	ZZSAPFRCD	CHAR	4
内部法人组织名称（SAP）	否	ZZSAPFRNM	CHAR	60
公司标识	否	ZCOTAG	CHAR	80
外部银行明细标识	否	BKEXT	CHAR	20
银行联行号	否	BANKN	CHAR	18
银行国家	否	BANKS	CHAR	3
银行代码	否	BANKL	CHAR	15
银行账户名	否	KOINH	CHAR	60
银行账号	否	ACCNAME	CHAR	40
银行账户币种	否	BKREF	CHAR	20
SWIFT 码	否	SWIFT	CHAR	11

（续）

字段名称	是否必填	技术名称	字段类型	字段长度
银行地址	否	ORT01	CHAR	30
开户银行名称	否	BANKA	CHAR	60
银行账号状态	否	BKONT	CHAR	2
实际控制人 / 集团名称	否	ZZCON	CHAR	200
实际控制人身份证号	否	ZZCONID	CHAR	50
实际控制人是否个人	否	ZZPERCON	CHAR	1

企业数据血缘建设常见的目标有如下几种。

- 通过数据血缘理解并支撑企业业务，满足其利益相关方（包括客户、员工和业务合作伙伴等）的需求。
- 通过数据血缘获取、存储、保护数据和确保数据资产的完整性。
- 通过数据血缘提升数据的质量。
- 通过数据血缘完善利益相关方的隐私保护。
- 通过数据血缘清楚数据变更对下游使用方的影响。
- 通过数据血缘确保数据能有效服务于企业增值的目标。
- 通过数据血缘提升问题解决、系统开发及运营的效率。

6. 建立数据血缘项目组织

一个完善合理的数据血缘项目组织包括但不限于以下 3 个组：项目决策组、项目管理组、项目执行组，具体职责见表 4-4。

表 4-4　数据血缘项目组织分工表

项目组	职责
项目决策组	• 血缘建设的最高决策机构，制定数据血缘项目目标及发展方向 • 对数据血缘项目中遇到的核心需求或实施范围等重大变化进行决策
项目管理组	项目经理： • 主要从业务、项目进度、质量、风险等方面领导整个项目 • 定期向决策小组汇报，负责项目的成功实施 • 协调各方资源，配合项目推进 • 负责项目的最终完成 项目专家： • 提供项目整体方案建设架构及规划 • 针对疑难问题进行分析解决，提供相应的成功经验 • 指导项目执行组成员实施项目

（续）

项 目 组	职 责
项目执行组	实施顾问： • 负责项目系统落地 • 负责数据初始化工作，并指导业务人员收集数据血缘数据 • 负责制定详细方案 • 负责与开发人员对接的技术文档输出 业务人员： • 抽查数据清洗质量问题，及时反馈并监督整改 • 处理数据清洗过程中的业务争议问题 • 推广数据血缘工作 • 统计收集血缘建设过程中的业务问题，并进行解答 • 跟进数据清洗进度 IT 开发人员： • 负责进行血缘系统的开发测试部署工作 • 及时处理系统相关问题 • 完成数据血缘自动化收集及初始化导入工作 • 完成数据血缘可视化开发上线工作

7. 制定数据血缘主项计划

基于 PMP 项目管理方法，明确了项目组织人员后，需要制定项目整体计划，明确项目执行的大节点，指导项目组成员细化数据血缘项目，安排具体工作节点负责人，有序高效地完成项目组工作。数据血缘主项计划包括以下几个阶段（见表 4-5）。

1）**项目准备阶段**。交付物包括：《数据血缘立项报告》，针对数据血缘的可行性，以及投入产出价值进行充分评估，并进行项目组织搭建，确定统一的项目目标；《调研诊断报告》，针对现状调研、需求调研的结果梳理相关问题并进行诊断，形成报告。

2）**蓝图设计阶段**。交付物包括：《数据血缘设计蓝图》，针对整体数据血缘的构建以及设计形成蓝图规划；《解决方案》，针对如何搭建数据血缘提出详细具体的可落地方案，并由各部门领导签字确认。

3）**系统实现阶段**。交付物主要是《系统设计文档》，针对数据血缘系统建设形成开发设计文档，并开发形成数据血缘可视化平台的雏形。

4）**初始化数据阶段**。对原始数据进行线上、线下收集，且收集的过程中需要对数据质量进行把控，防止脏乱差的数据影响数据血缘分析结果，完成收集后进行初始化导入工作。

5）**正式上线阶段**。部署数据血缘系统，对使用人员进行培训，可针对试点项目召开上线启动会。

6）**上线后维护阶段**。针对试点项目用户，上线后进行用户答疑、持续运营，复盘数据使用过程中的问题并优化解决方案。

7）**推广切换阶段**。企业全范围推广使用，并常态化运营。

表 4-5　数据血缘主项计划表

WBS 编号	类别	里程碑	任务名称	开始时间	完成时间	完成标准 / 交付物	备注	负责人	配合人	实际开始时间	实际完成时间	完成比例
1	主计划	是	项目准备阶段	2023/1/1	2023/1/8	数据血缘立项报告，调研诊断报告	××	××	××	××	××	100%
2	主计划	是	蓝图设计阶段	2023/1/8	2023/2/28	数据血缘设计蓝图、解决方案	××	××	××	××	××	100%
3	主计划	是	系统实现阶段	2023/3/1	2023/5/30	系统设计文档，数据血缘可视化平台	××	××	××	××	××	50%
4	主计划	是	初始化数据阶段	2023/6/1	2023/6/30	数据血缘关系及对象初始化	××	××	××	××	××	
5	主计划	是	正式上线阶段	2023/7/1	2023/7/30	数据血缘系统正式启用	××	××	××	××	××	
6	主计划	是	上线后维护阶段	2023/8/1	2023/9/20	数据血缘运维	××	××	××	××	××	
7	主计划	是	推广切换阶段	2023/9/21	2023/10/31	数据血缘全面推广	××	××	××	××	××	
8	主计划	是	项目后评估	2023/12/1	2023/12/30	数据血缘项目评估	××	××	××	××	××	

8）**项目后评估**。项目上线后对整体投入产出进行评估，并规划技术迭代以及业务场景覆盖等目标。

8. 召开项目启动会

项目启动会是项目正式开启前的一个重要会议，又称 Kick Off Meeting。它的主要目的是发布项目章程，对项目经理进行授权，并介绍项目的背景、计划、定义、目标、组织结构和环境等内容。此外，项目启动会还需要确定个人和团队的职责范围，并获得团队成员的承诺。通过启动会，可以让项目团队成员互相认识，建立起工作关系，为后续的项目工作奠定基础。

在启动会上，需要传达两个重要信息：一是企业领导对项目的重视和支持，体现“一把手挂帅”；二是向项目涉及的所有相关业务部门和员工介绍项目团队和工作制度，以便后续大家更好地配合工作。启动会的成功与否对于企业信息化建设至关重要，对于那些初次实施信息化项目的企业来说更是如此。

为了开好一个启动会，需要从会议形式、与会人员和会议内容 3 个方面来考虑。会议形式应该简洁明了，不要过于烦琐，以免浪费时间。与会人员应该是项目团队成员、企业领导和相关业务部门和员工。会议内容应该包括项目的背景、计划、定义、目标、组织结构和环境等内容，以及团队和个人的职责范围和承诺等。通过这些内容的介绍，可以让所有与会人员对项目有一个全面的了解，为后续的项目工作打下良好的基础。

（1）会议一定要正式、隆重

如果确定需要召开项目启动会，那么这个会议一定要正式、隆重，为此最好成立会议筹备组，确保启动会的顺利进行。在召开启动会之前，项目组应该与企业高层领导进行充分沟通，了解领导的设想，并让领导认识到项目的价值和难度，让领导清晰认识到如何支持项目，为项目的实施取得支持并建立定期回馈管道。

在筹备会上，项目团队成员应该明确启动大会召开的准备事宜和各项细节，并分头安排准备工作。这个筹备会其实是对项目团队成员真正成为一个团队的磨合，对项目经理来说也可评估团队能力并认识管理复杂程度。在会议中发布文档时，需要确保文档下发程序正式，以确保信息传递和沟通的顺畅。

总之，开好一个启动会前期需要与企业高层领导进行充分沟通并做好各项准备工作。在会议中，需要注意会议形式、与会人员和会议内容，以确保会议的效果和价值。通过启动会，可以让项目团队成员互相认识，建立起工作关系，为后续项目顺利实施奠定基础。

（2）项目干系人全部到位，宜多不宜少

在《项目管理知识体系指南》中，有一个名词叫作“项目干系人”，指的是与项目利益相关的人员，包括项目团队、企业高管、客户团队和业务相关方等。对于企业信息化项目，参与人员需要尽可能全面，尽可能让所有干系人都到位。虽然不一定需要搞全厂大会，但是涉及的部门分管领导和业务骨干一定要参与。

启动大会是项目经理利用高层领导影响力，推动项目进度的重要手段。如果没有高层领导的参与，那么说明启动大会没有得到重视。因此，确定启动大会的时间时必须充分考虑高层领导行程安排，确保高层领导能够及时参与。对于特别重要的项目，应该确保甲乙双方高层领导都参与。

（3）会议内容要简明，需要提前设计发言

启动会涉及大量客户业务部门人员，因此会议的节奏必须明快简洁，以确保在允许的时间范围内完成所有议程。在大会过程中，不应过多讨论业务细节，否则可能会导致会议议题散乱，影响大家对会议和整个项目的印象，从而失去信心。

此外，启动会不应仅是展现 PPT，而应提前设计议程并安排相关高层领导和项目经理发言。对于高层领导，他们可能对项目的实际运作和效果缺乏深入了解，因此需要为他们准备专门的发言稿，并与他们进行项目沟通，以帮助他们更好地理解项目。对于项目经理，他们需要根据项目的实际情况认真准备发言稿，以确保会议顺利进行。

如果项目团队组建顺利，项目管理制度完善，应重点宣讲各个部门如何依据项目管理制度进行工作配合。如果客户还没有进入状态，团队筹建还不顺利，可以重点介绍数据血缘项目实施方法论，让客户了解哪些工作需要他们配合完成、哪些工作由软件商在现场完成，以及成立专门的实施团队的重要性。如果客户对太虚的东西不太感兴趣，可以重点介绍其他企业的实施经验，以及在我们这个项目中可以取得的预期效益，以引发大家对参与项目的兴趣。

4.3.2　制定数据血缘需求范围

1. 数据血缘全员普及培训

数据血缘作为比较前沿的技术，除了数据管理领域的部分人知晓以外，绝大部分领导和同事还是比较陌生的，他们不清楚这个技术到底能给自己、给企业带来多大的价值。所以在做数据血缘需求调研之前必须要对全员（包括业务人员、IT 人员、相关管理人员）进行普及培训。具体培训内容如下。

- 数据血缘的定义、特征。

- ❑ 数据血缘能够解决什么问题。
- ❑ 数据血缘能够带来什么价值。
- ❑ 数据血缘建设方法论。
- ❑ 标杆企业数据血缘案例分享。
- ❑ 数据血缘调研的工作安排。

2. 数据血缘需求调研

针对数据血缘成熟度 2 级以上的企业，我们需要进一步明确要做的数据血缘范围，涉及大约多少关键字段，要进行怎样的数据清理。要明确这些，我们首先需要对不同的人员做初步的数据血缘业务调研，包含 IT 开发人员、业务操作人员，数据管理人员。不同的人员需要解决的问题不一样。调研问题举例如下。

1）IT 开发人员。

- ❑ 开发过程中，遇到的棘手数据问题有哪些？请举例说明。
- ❑ 数据问题排查的难点有哪些？针对这些难点排查效率如何？
- ❑ 数据对象之间的引用关系是如何统一的？

2）业务操作人员。

- ❑ 你对数据质量的要求是什么，是侧重于数据准确性、及时性还是完整性？
- ❑ 哪些数据对象是你最关注的？
- ❑ 业务活动中核心的业务场景是什么？
- ❑ 遇到上游数据变更数据字段时，怎么联动各方处理？
- ❑ 是否清楚所关注的指标的加工逻辑？

3）数据管理人员。

- ❑ 哪些数据的变化是经营管理中需要特别关注的？
- ❑ 本次建设数据血缘项目的期望是什么？
- ❑ 是否有针对数据进行资产管理？如有，管理的效率如何？
- ❑ 项目对企业经营效益的提升需要有多大？

3. 确定数据血缘字段范围

血缘需求通常针对实体节点进行梳理 +，常见的实体节点包括任务节点、方法节点、表节点、字段节点、指标节点、报表节点等。血缘系统可以针对数据相关的实体节点进行检索，可以从不同的场景查看数据具体走向，例如表与字段、字段与报表的血缘关系等。

明确数据血缘需求，确定节点粒度与范围之后，才可根据痛点制定相应的解决方案，做到有浅有深，关注最核心高共享的数据，确保不会因过度追求数量及时间而导致功亏一篑。制定数据血缘解决方案首先需要对数据字段进行全面梳理，要梳理的内容如下。

- **数据字段定义**：例如，房地产项目名称是指城市 + 区县 + 备案项目名称 + 分期。
- **管理规则**：包括数据录入依据、录入更新时点要求、数据录入方、数据审核方等。
- **数据生产系统**：指唯一的数据源头系统。
- **数据应用系统**：指数据对象涉及的下游应用系统。

数据血缘对象业务梳理见表4-6。

4. 完善数据血缘详细计划

有了数据血缘对象业务梳理表之后，我们就可以清晰地知道核心的数据对象是哪些，这些数据对象的来源、使用方、变更阶段是哪些，对初步血缘建设范围及工作量就能够大概确定出来了。通过数据对象数量、数据上线节点、数据血缘关联方，我们可以制定出数据血缘详细计划，详细计划可以按照如下工作事项进行安排和罗列。

- **项目准备阶段**：组织项目相关人员，建立项目组织，制定项目章程及项目计划，召开项目启动会。
- **蓝图设计阶段**：完成数据血缘设计蓝图、编写解决方案材料等。
- **系统实现阶段**：完成系统设计、系统功能开发、系统部署上线、输出系统设计文档等。
- **初始化数据阶段**：完成数据血缘关系收集、初期数据导入等。
- **正式上线阶段**：上线培训、正式启用岗位权限配置。
- **项目复盘**：总结项目得失，输出项目成果文档，复盘问题并给出应对措施。

4.3.3　构建数据血缘系统

1. 制定数据血缘蓝图

制定一个合理的数据血缘蓝图，必须要考虑以下7点。

1）对业务流程进行分层，确定哪些属于核心业务流程，哪些属于辅助业务流程。例如在房地产行业，拿地、施工、销售、交付这个过程就属于核心业务流程，至于人力共享、计划共享则属于辅助业务流程。我们在做数据血缘蓝图时，必须要考虑清楚是先重点解决核心业务流程，还是先补充完善辅助业务流程，这样才不会顾此失彼，因小失大。

表 4-6 数据血缘对象业务梳理表（以房地产项目为例）

业务数据对象	管理规则要求	颗粒度	字段名	字段定义	校验逻辑 / 公式	A 类	B 类	C 类	数据供方
项目	指通过立项确认的、拥有同一项目代码的、围绕一个或多个地块开展的一系列开发活动的总称，一个房地产新项目按一个分期进行运作，多分期运作需拆分投研定案表	/	主数据项目编码	根据未获取土地编码生成对应的主数据项目编码	获取土地 / 项目过程阶段 ①录入依据：无 ②校验规则： a. 一个主数据项目名称应有且仅有一个主数据项目编码 b. 投研管控项目未获取土地编码与项目编码一一对应（预警） c. 各部门系统与主数据项目编码一致，不一致提示 ③及时性：无	投研管控项目、非投研管控项目	一级项目、二级市场	已获取、未获取	自动生成

2）对血缘涉及的需求进行分类，明确哪些是数据类需求，哪些是流程类需求，哪些是管理类需求。不同类别的血缘需求需要针对性地去解决。

- 通过数据血缘快速追溯问题、排查问题的需求属于数据类的需求。
- 确认下游数据使用情况，优化数据影响的确认流程，通过数据血缘直观展示影响，减少反复评估或评估不充分造成企业经营不良影响的需求属于流程类的需求。
- 企业针对已有数据资产，通过数据血缘进行全周期管理，以了解数据对象全貌的需求属于管理类需求。

3）对血缘相关系统（包括血缘生产系统、下游使用系统、数据管理系统等）进行分层，明确哪些工作是执行层的，哪些工作是运营层的，哪些工作是管理决策层的。例如：数据录入或数据采集系统的建设属于执行层；数据存储、数据转换清洗、分发共享属于运营层；数据管理驾驶舱、数据资产管理大屏等属于数据管理决策层。

4）对流程和系统进行关联，明确哪些流程以哪个系统为主要载体，哪些属于系统实现点，哪些属于管理制度层面管控点，并识别出数据对象生产系统及数据应用系统。例如，数据血缘应用系统是单独建立，还是依赖元数据管理系统建立，这些需要按照不同情况进行考虑。

5）对需求和流程进行关联，首先对和流程相关的需求进行关联，不能和流程关联的需求（比如一些报表需求和系统操作界面友好便利的需求）和系统进行关联。

6）形成数据需求、数据流程、血缘系统覆盖地图，做到从全局到部分，从整体到细节，从数据生产到消亡的全覆盖。

7）基于需求、流程、系统设计数据血缘蓝图，并获得业务用户签字确认。

2. 数据血缘系统搭建

数据血缘系统是一种跟踪数据如何从源头变化到最终结果的系统。数据血缘系统涉及的建设功能包括但不限于如下几个部分。

- **血缘数据采集：**系统需要能够追踪数据的原始来源，包括数据库、文件、API 等。数据血缘系统需要支持从各类源数据、流转数据中进行血缘关系采集，当各系统数据血缘关系产生时，数据血缘系统会及时、准确地记录血缘关系并存储下来。数据血缘系统支持关系预定义、实时采集，支持主流的关系数据库、非关系数据库、非结构化数据等类型数据源。
- **数据血缘处理追踪：**系统需要能够提供数据的处理方式，如过滤、聚合、转换等。它记录数据在处理过程中的来源，以及处理方式和最终的影响。数据血缘处理追踪部分可以在数据处理中建立一个可追踪的链路来证明数据的准确性和完整性。如果在该链路中，数据存在问题，可以通过追踪数据血缘来溯源并解决问题，这样就可以验证数据的真实性和可靠性，并为企业管理人员的决策提供可靠的数据依据。

- **数据血缘可视化**：系统需要提供一个图形化的界面，以清晰地显示数据的流动。数据血缘系统通过可视化技术将分析结果清晰、直观地呈现给用户，帮助客户进行二次分析和具体应用。系统支持按照数据所有者、数据库、表、字段（列）及数据本身进行血缘分析，支持正向分析和反向分析，不仅展示数据来龙去脉，还定位异常数据影响范围。当系统进行升级改造时，能够及时发现上游数据的变化可能会对下游数据产生的影响，并及时告知下游数据使用方。
- **数据血缘分析和报告**：系统需要支持分析和报告功能，以便用户了解数据的使用和更改情况。数据血缘系统针对数据流转过程中产生并记录的各种日志进行采集、处理和分析，对数据之间的血缘关系进行系统性梳理、关联，并对梳理后的信息进行存储。数据血缘系统可进行系统级血缘、表级血缘、字段级血缘的关联分析。实现数据来源的精确追踪、流转过程的准确还原、数据去向的精准定位。
- **数据安全等级**：系统需要支持数据对象安全等级划分功能，系统可根据企业实际经营过程中数据的价值，自动制定数据全链路节点中不同数据对应的保密等级，并通过数据保密等级进行有效的数据安全管理，防止因数据保密等级设置不合理而导致数据泄露，造成企业损失。
- **数据质量监控**：系统需要支持数据血缘质量监控功能，通过监控数据血缘链路，及时反馈不同节点中数据存在的质量问题，以确保采集数据的准确性、及时性、完整性。
- **数据血缘版本管理**：系统需要支持数据血缘版本管理功能，以便对数据血缘的不同版本进行管理。

3. 确定数据血缘存储技术

数据存储是将数据流在加工过程中产生的临时文件或加工过程中需要查找的信息保存到内部或外部存储介质上。选择合适的数据存储技术能够极大提升数据运行效率，在确定数据血缘存储技术前，我们需要先来了解一下目前常用的 3 种数据存储技术。

（1）结构化数据存储

结构化数据存储是广泛应用的一种数据存储技术，大多数事务型数据库（如 Oracle、MySQL、SQL Server 和 PostgreSQL）都采用行式存储方式，以处理应用程序频繁写入的数据。在企业中，事务型数据库通常同时用于报表，这就需要频繁地读取数据，尽管数据写入的频率要低得多。随着数据读取需求的不断增加，越来越多的创新进入了结构化数据存储的查询领域，例如列式文件格式的创新，它有助于提高数据读取性能，满足分析需求。

1）**关系数据库**：关系数据库管理系统（RDBMS）非常适合在线事务处理（OLTP）应用。流行的关系数据库包括 Oracle、MySQL、MariaDB、PostgreSQL 等，其中一些传统数据库已经存在了几十年。许多应用，例如电子商务、银行业务和酒店预订等，都是由关系数据库支持的。关系数据库非常擅长处理表之间需要复杂联合查询的事务数据。

2）**数据仓库：**数据仓库更适合在线分析处理（OLAP）应用。数据仓库提供了对海量结构化数据的快速聚合功能。现代数据仓库使用列式存储来提升查询性能。数据仓库是中央存储库，可以存储来自一个或多个数据库的累积数据。它们存储当前数据和历史数据，用于创建业务数据的分析报告。虽然，数据仓库集中存储来自多个系统的数据，但它们不能被视为数据湖。数据仓库只能处理结构化的关系数据，而数据湖则可以同时处理结构化的关系数据和非结构化的数据，如 JSON、日志和 CSV（逗号分隔，一种电子文件格式）数据。

3）**NoSQL 数据库：**NoSQL 表示非关系数据库，NoSQL 数据库存储的数据没有明确结构机制连接不同表中的数据（没有连接、外键，也不具备范式）。

NoSQL 运用了多种数据模型，包括列式、键值、搜索、文档和图模型。NoSQL 数据库提供可伸缩的性能，具有高可用性和韧性。NoSQL 通常没有严格的数据库模式，每条记录都可以有任意数量的列（属性），这意味着某一行可以有 4 列，而同一个表中的另一行可以有 10 列。NoSQL 数据库是高度分布式的，可以复制。NoSQL 数据库非常耐用，在实现高可用的同时不会出现性能问题。

NoSQL 数据库有以下 4 种类型：列式数据库、文档数据库、图数据库、内存式键值数据库。NoSQL 有很多用例，但要建立数据搜索服务，需要对所有数据建立索引。

（2）非结构化数据存储

处理非结构化数据存储的需求时，Hadoop 是一个好的选择。它是可扩展、可伸缩的，而且非常灵活。Hadoop 能够运行在消费级设备上，拥有庞大的工具生态，运行成本也较低。Hadoop 采用主节点和子节点模式，数据分布在多个子节点，由主节点协调作业，对数据进行查询运算。Hadoop 系统具有大规模并行处理（MPP）能力，这使得它可以快速地对各种类型的数据进行查询，无论是结构化数据还是非结构化数据。

在创建 Hadoop 集群时，每个子节点都会附带一个称为本地 Hadoop 分布式文件系统（HDFS）的磁盘存储块。你可以使用常见的处理框架（如 Hive、Ping 和 Spark）对存储数据进行查询。但是，本地磁盘上的数据只在相关实例的生命期内持久化。

如果使用 Hadoop 的存储层（即 HDFS）来存储数据，存储与计算将耦合在一起。增加存储空间意味着必须增加更多的机器，这也会提高计算能力。为了获得最大的灵活性和最佳成本效益，需要将计算和存储分开，并保证两者可独立伸缩。因此，对象存储更适合数据湖，以经济高效的方式存储各种数据。基于云计算的数据湖在对象存储的支持下，可以灵活地将计算和存储解耦。

（3）数据湖

数据湖是结构化和非结构化数据的集中存储库。数据湖正成为在集中存储中，存储和分析大量数据的一种流行方式。它按原样存储数据，使用开源文件格式来实现直接分析。由于数据可以按当前格式原样存储，因此不需要将数据转换为预定义的模式，从而提高了数据采集的速度。

（4）图数据库

在了解了数据存储的各种方式后，接下来重点介绍数据血缘主流的存储方式——图数据库。图数据库是以点、边为基础存储单元，以高效存储、查询图数据为设计原理的数据管理系统。理解图的概念对于理解图数据库至关重要。图是一组点和边的集合，"点"表示实体，"边"表示实体间的关系。图数据库属于非关系数据库（NoSQL）。在图数据库中，数据间的关系和数据本身同样重要，它们作为数据的一部分被存储起来。这样的架构使图数据库能够快速响应复杂关联查询，因为实体间的关系已经提前存储到了数据库中。图数据库可以直观地可视化实体间的关系，是存储、查询、分析高度互联数据的最优办法。

例如，某数据血缘供应商在血缘存储层选用了华为云图引擎 GES 服务作为存储引擎，使用华为自研的 EYWA 内核（针对以"关系"为基础的"图"结构数据）进行查询、分析。GES 目前提供丰富多样的原生接口，包括批量读写点、边以及各个路径查询的算法。在全链路数据血缘场景中，对图数据的操作主要包括读操作和写操作两块。读操作主要用于内部各个应用场景，可以涵盖各类业务场景。写操作主要是将解析格式化好的血缘数据实时写入图数据库。另一块写操作主要给应用方提供写请求，如为表或字段安全等级打标。

相比传统关系数据库和 ES 等工具，图数据库在血缘信息的查询与分析方面具有如下优势。

- **对复杂关系的存储和分析更优。**数据血缘刻画了数据的完整生命周期，具有数据链路长的特点。传统关系数据库和 ES 等，往往只能反映当前或较短路径内的状态，在长链路血缘的检索中存在明显劣势。而图数据库进行了复杂关系的有效组织，通过点边结构将血缘的上下游完美串联，进而实现了更长链路血缘的存储、检索和分析。
- **能够有效利用数据间的关联性达成更精准可靠的决策。**图结构特征对业务具有重要的指导意义。例如，图的稠密程度可反映业务数据关联的紧密程度，进而有助于识别高 I/O 或高吞吐量业务，识别链路瓶颈；图数据间的共现性可反映出血缘中的共生关系，进而辅助进行血缘重要性划分；图可视化有助于帮助业务人员更清晰地了解血缘动态等。

图数据库与关系数据库查询的逻辑对比如图 4-2 所示。

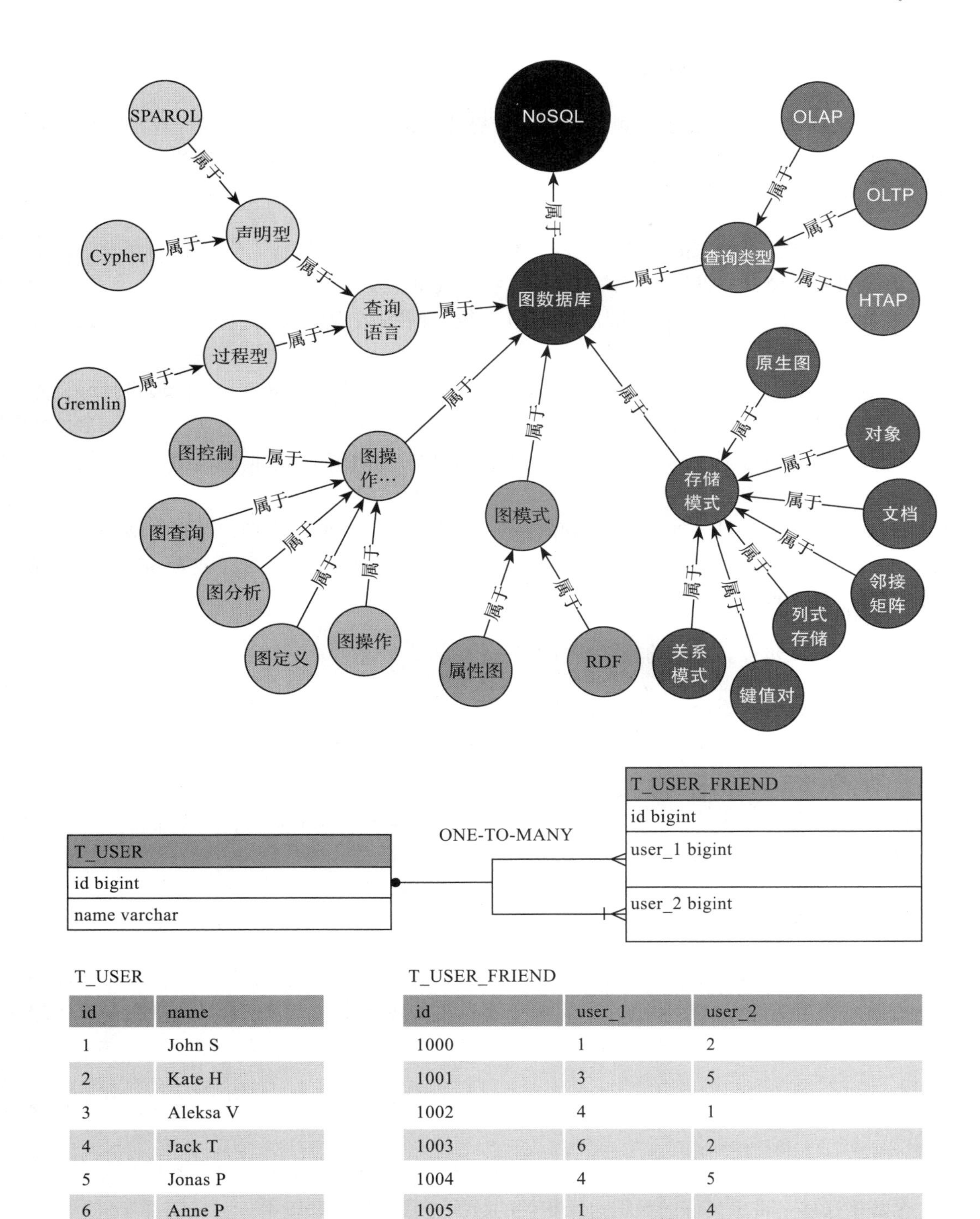

T_USER

id	name
1	John S
2	Kate H
3	Aleksa V
4	Jack T
5	Jonas P
6	Anne P

T_USER_FRIEND

id	user_1	user_2
1000	1	2
1001	3	5
1002	4	1
1003	6	2
1004	4	5
1005	1	4

图 4-2　图数据库与关系数据库查询的逻辑对比图

4. 数据血缘系统测试及部署

1）**测试环境及工具准备**。测试环境是指完成软件测试工作所必需的计算机硬件、软件、网络设备、历史数据的总称，简而言之，测试环境 = 硬件 + 软件 + 网络 + 数据准备 + 测试工具。

- **硬件**：指测试必需的服务器、客户端、网络连接等辅助设备。
- **软件**：指测试软件运行所需的操作系统、数据库及其他应用软件。
- **网络**：指被测软件运行所需的网络系统、网络结构以及其他网络设备构成的环境等。
- **数据准备**：一般指测试数据的准备。测试数据会在测试用例设计的阶段设计好，然后在软件运行的时候，作为软件输入去验证软件功能。如果是少量、正常的测试数据，可以直接通过手动方式模拟出来，如果是大量的用户数据的模拟，可以借助测试工具来构建。
- **测试工具**：工具是辅助测试的好帮手，针对将要做的测试类型，选择合适的工具可以让我们的测试事半功倍。比如接口测试工具，可以选择 Jmeter 或者 postman；抓包工具，可以选择 fiddler 或者 wireshark 等。

2）**系统测试步骤**。具体的测试环节如下。

- **单元测试**：对系统的各个组件进行测试，以确保它们的功能正确。
- **系统测试**：将各个组件组装在一起，对整个系统进行测试，以确保系统的整体功能正常。
- **集成测试**：将系统与其他系统集成，测试系统之间的协作情况。
- **性能测试**：测试系统的性能，包括处理速度、稳定性、容量等。
- **功能测试**：测试系统是否能满足用户的功能需求。
- **用户验收测试**：让真实用户对系统进行测试，确保系统满足用户的需求。

3）**系统上线部署**。系统上线部署时，将系统部署到生产环境中，以供用户使用。部署也是数据血缘系统开发过程中的一个关键步骤。在部署过程中，需要对系统进行安装、配置、测试等多项操作，以确保系统在生产环境中能够正常运行，具体的部署步骤如下。

①**准备生产环境**：准备数据血缘系统相关配置硬件、操作系统、数据库等，以便安装系统。

②**安装系统**：根据部署文档安装数据血缘系统，并对数据血缘系统进行初始配置。

③**数据迁移**：将采集好的数据血缘相关的数据迁移到生产环境中。

④**配置环境**：配置生产环境中的账号、权限、访问地址、网络、安全、监控等环境参数。

⑤**对接系统：**将数据血缘系统与其他系统集成，确保系统能够正常工作。

⑥**部署验证：**对系统进行验证，确保部署后的系统功能正常。

⑦**正式上线：**向用户提供系统服务。

4.3.4 完成数据血缘收集

1. 确定数据血缘收集方法

在收集数据血缘关系之前，我们要完成数据业务对象及方案的制定，明确需要做哪些数据对象的血缘关系，以及这些数据对象的来源及引用方。大多数企业在这个阶段都在搭建数据系统的过程中。此时我们需要做数据血缘收集，这就是系统数据初始化。数据血缘上线前也需要做数据初始化，但数据量如此之大，全靠人工梳理工作量巨大，那我们到底该如何收集数据血缘呢？一般分为代码自动解析和人工收集两种方法，从细分的技术来看可分为以下 4 种方法。

（1）自动解析

通过程序、工具等自动从数据库、文件等数据源收集数据血缘信息，并录入系统中。例如，对于一个数据仓库系统，系统管理员可以使用数据血缘工具对数据仓库中的数据进行扫描，从数据库中自动收集数据血缘信息，从数据库元数据中了解数据字段的定义，从数据表之间的关系中了解数据表之间的数据流转情况。

因为代码和应用环境复杂等原因，自动解析只可以覆盖到企业数据的 70%～95%，目前无法做到 100%。

下面看一个示例。当收到 Hive SQL 语句“ Select id, name from t_user Where status = 'active' And age > 21”时，Hive 的处理过程如下。

1）**语法分析。**使用 Antlr 将 SQL 语句解析成抽象语法树（AST），如图 4-3 所示。

2）**语义分析。**验证 SQL 中的表名、列表、数据类型和隐式转换，以及 Hive 提供的函数和用户定义函数（UDF/UAF）。从 Hive 数据库中查询相关元数据信息，将符号绑定到源表的字段。

3）**逻辑计划生成。**生成在单机中可以按照顺序执行，并抛出结果的计算计划。

4）**逻辑计划优化。**对算子数进行优化，在不改变执行结果的前提下，优化执行计划。例如 PartitionPrune，在 Hive 中定义了分区表，Where 条件也出现了分区字段，故执行时可只扫描该分区数据。

5）**物理计划生成。**逻辑计划包含了由 MapReduce 任务组成的 DAG 物理计划（Tez、Spark）。将逻辑计划拆解，会生成 Mapper 和 Reducer。

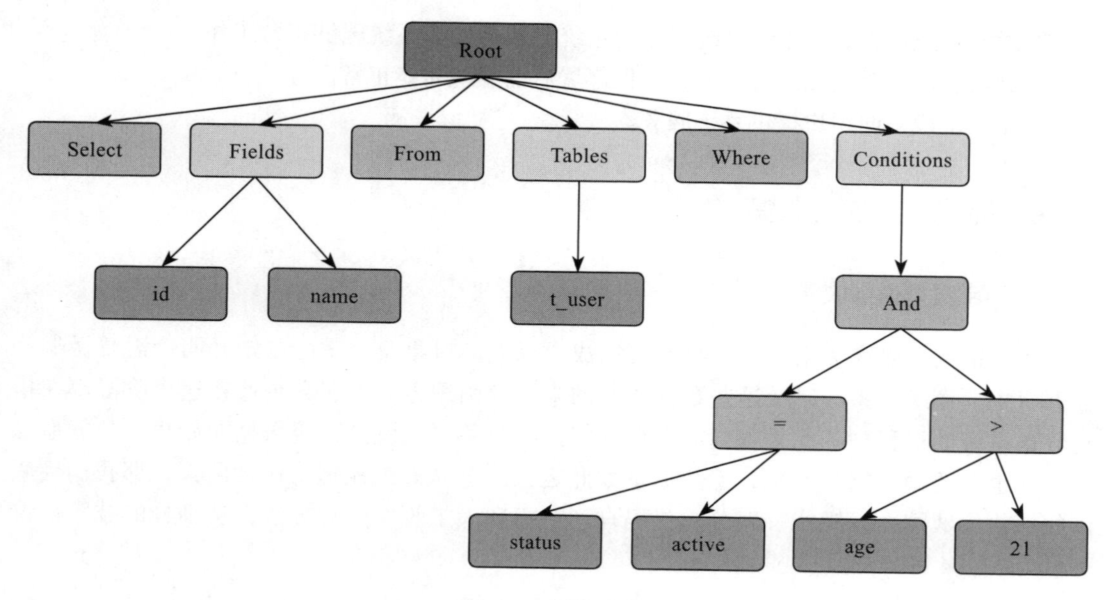

图 4-3　语法分析

6）**分布式物理计划执行**。将 DAG 发送到 Hadoop 集群并执行。在语法分析步骤中，我们通过对 AST 遍历，可以明确哪些是输入表，哪些是输出表。例如以下 SQL：

```
insert overwrite table over_tmp select id, age, name from tmp;
```

输入表为 tmp，输出表为 over_tmp。

Hive 提供静态血缘解析的支持，通过 LineageInfo.getInputTableList() 和 LinegeInfo.getOutputTable() 可以分别获得输入表、输出表。

Hive 同时也提供支持动态血缘解析，HiveHook 拦截 Hive 执行过程，动态获得关系。血缘采集 HiveHook 运行于 Post-execution hooks 中。在查询执行完成之后，将结果返回给用户。我们可以将源表、目标表、源字段、目标字段以及它们的关系发送至 MQ，通过集群消费者订阅血缘数据至存储介质。

（2）系统跟踪

这个方法就是在数据加工流动过程中，加工主体工具负责发送数据映射，这样做的好处是收集精准、及时，支持细粒度，限制是不能集成所有工具。这种方式一般基于统一的加工平台使用，比如通过程序解析主要是面向存储过程、SQL、视图以及已有的 ETL 过程来使用。以一个数据加工的完整流程为例，每个数据加工的流程都通过一个唯一的标识进行标记，流程中的每一个环节都记录其前后依赖关系，程序将每一个环节的逻辑解析以后，根据依赖关系和流程便可以生成全流程的数据血缘。这种方法重点在于数据加工过程中需要形成统一的标识，这样在检索的时候按照这个标识就能够快速推导出数据血缘节点。

该方法的优点是针对血缘收集的工作量较小，只需要唯一标识一致。但同时也会存在一定的缺陷，例如在未做数据治理时，唯一标识可能存在不准确或不一致的情况。另外，即使唯一编码一致，但是各个系统的字段名称仍然会存在不一样的情况，这会对业务分析及字段统一带来一定的困扰。

例如，对于项目主数据编码与项目名称的关系，虽然项目名称在不同业务系统中的字段不一致，但其值都是统一使用的，仅从字段上无法自动识别，需要通过主数据 MDG 编码关联，才可知道表 4-7 和表 4-8 所示项目名称为一个数据源，是一致的。

表 4-7　主数据项目表

序号	属性分类	属性	字段名	定义说明
1	基础属性	MDG 项目编码	ZPROJECT	项目主数据编码
2	基础属性	MDG 项目名称	ZPRO_TXT	项目主数据名称
3	基础属性	成本系统项目编码	ZCOSYID	成本系统的项目编码，项目源头系统切换为主数据后，该字段值为空，仅历史数据有值，便于进行数据管理
4	基础属性	NC 主数据项目编码	ZNC_CODE	保留；初期数据才有这个属性
5	基础属性	GIS 未获取土地编码	ZPREL_ID	GIS 系统未获取土地的编码，用于进行土地和项目的关联。一个项目可以对应多个 GIS 未获取土地编码，即项目∶土地 =1∶N
6	基础属性	报规案名	ZCASENAME	政府报规案名

表 4-8　营销系统项目表

序号	属性分类	属性	字段名	定义说明
1	基础属性	营销 ID 编码	SLXMID	项目编码
2	基础属性	项目名称	SLXMM	项目主数据名称
3	基础属性	车位数（个）	CWGS	整数
4	基础属性	建筑面积（地上）(m^2)	DSJZMJ	保留；初期数据才有这个属性
5	基础属性	MDG 项目编码	ZPROJECT	项目主数据编码
6	区县编码	报规案名	BGAM	政府报规案名

（3）人工智能推导法

这个方法是基于数据集之间的依赖关系，计算数据的相似度，好处是对工具和业务没有依赖，速度快，但准确率需要人工确认。使用 Python 代码推导数据血缘关系的方法如下。

- 将源代码解析为解析树（Parser Tree）。
- 将解析树转换为抽象语法树（Abstract Syntax Tree）。
- 将抽象语法树转换为控制流图（Control Flow Graph）。
- 通过控制流图将字节码（Bytecode）发送给虚拟机（Eval）。

我们可以利用这个原理，通过代码解析自动提取代码中的关键信息，例如代码引用了哪些外部函数，调用了哪些数据脚本或 SQL 语句，使用了哪个数据源，查询了哪些表，更新了哪些字段，对字段做了哪些衍生操作，用了什么算法等。这种方法虽不能自动化一键生成完整的开发文档，但能提供大量丰富的线索，有助于快速开展梳理工作。

（4）人工收集

在整个数据血缘项目中，一般有 5%～10% 的数据是机器及代码无法识别出来的，需要人工采集。采用人工从文档、系统记录等渠道中收集数据血缘信息，并录入系统中。

例如，供应商主数据早期存在各源头系统中，不同阶段的供应商主数据的统一社会信用代码包含了营业执照、组织机构代码证和税务登记证的代码，在不同系统中字段名并不相同，代码难以识别出来，此时就需要人工进行处理收集。简单来说首先依据系统导入模板，通过 Excel 进行收集和整理，然后导入系统中，形成可靠的数据血缘关系。

以上这些收集方法的选择取决于数据血缘的需求、数据处理的特征、数据量等因素。最佳的数据血缘收集方法需要根据具体情况进行分析确定。例如，对于一个数据处理系统，系统管理员可以使用数据流模型来描述数据的流动情况，从模型中推断出数据血缘信息。通过分析数据流模型，推断出数据是如何从源头流向目标的，以及数据是如何经过多个数据处理环节并完成转换的。

2. 执行数据血缘收集任务

确定数据血缘收集方法后就需要执行数据血缘收集任务了，以便形成数据血缘期初数据导入系统。数据收集是数据处理的一个重要环节，主要分为以下几个步骤。

1）**确定数据源：**数据源包括数据库、数据仓库和其他存储数据的系统，可以通过选择内部数据源（如数据库、ERP 系统等）或外部数据源（如网络、政府部门、行业协会等）加以确定。

2）**数据清洗：**数据收集后需要进行清洗，包括数据去重、缺失值处理、异常值处理等。

3）**数据血缘收集：**根据数据源的不同，选择适当的数据收集方法，如手工输入、采集系统抓取、API 调用等。使用 SQL 或其他数据抽取工具，从数据源中抽取数据血缘。抽取数据血缘是通过从数据源中查询数据来实现的。通常，SQL 是抽取数据血缘的常用工具，因为它是一种高效且易于使用的语言，可以访问数据库和数据仓库中的数据。使用 SQL 抽取数据血缘的示例如下。

```
# 数据血缘代码示例 #
  1 SELECT source_table.field1, source_table.field2, target_table.field3
  2 FROM source_table
  3 LEFT JOIN target_table ON source_table.key_field = target_table.key_field
```

在上面的示例中，我们查询了源表（source_table）和目标表（target_table）中的字段，并通过 JOIN 语句将它们关联起来，抽取了数据血缘。

除了 SQL 外，还有一些数据抽取工具，如 Talend 和 Informatica，可以帮助抽取数据血缘。这些工具通常会提供图形界面，可以轻松地配置数据抽取流程。

4）**数据存储：**数据清洗后，进行数据抽取，将数据血缘抽取到目标系统中，如果是手动收集的，需要直接导入目标系统，如数据仓库、数据库等。

以上是数据收集的大致流程，根据实际需求可以有所增减。

3. 复核数据血缘收集质量

由于原始数据中可能存在一些缺失、损坏的脏数据，如果不处理会导致后续血缘分析失真。**因此在进行数据血缘分析之前，应先评估原始数据的质量，对数据进行清洗。**

当然，数据清洗除了能保障高质量的数据输出之外，也能够同步对数据进行探索。数据清洗和数据探索的作用是相辅相成的。通过数据探索，检阅数据的特征描述、分布推断并优化结构，能更好地为数据清洗选择合适的方法。针对清洗后的数据可以更有效地进行数据探索。接下来，介绍数据清洗的 3 个重要部分：异常值判别、缺失值处理以及格式内容清洗。

（1）异常值判别

数据清洗的第一步是识别会影响分析结果的“异常”数据，然后判断是否将其剔除。异常值通常有以下几个表现。

- **缺乏完整性。**完整性即数据的记录、数量、名称是否完整。由于内部数据属于企业内部自己生产的数据，相对而言比较容易检查。如果是采购的外部数据，例如城市人口宏观数据或者某城的二手房交易数据，则完整性需要外部数据供应商提供相应保障。

- **缺乏准确性**。收集的数据必须能够正确反映业务需求，否则分析结论会对业务造成误导。进行这方面的检查时，需要首先理解业务背景，判断收集的此类数据以及数据项是否可以转换为分析项目所需数据。如果部分数据不符合业务逻辑，或者数据准确性很差，会对数据分析造成很大的影响。
- **缺乏唯一性**。数据的唯一性应该从两个角度检查，即多个数据对应一个编码，或者一个实物对应多个编码。如果将错误数据导入系统，将会影响分析主体的唯一性。

目前常用的识别异常数据的方法有物理判别法和统计判别法。

- **物理判别法**：根据人们对客观事物、业务等已有的认识，判别是否由于外界干扰、人为误差等造成了实测数据偏离正常结果，若是则认为该数据存在异常值。例如常见的年月日基本信息，显示值为 1900 年 1 月 1 日（这种情况下数据大概率是默认值，而并非正确值）就是异常值。物理判别方式需要人工干预，检查的工作量较大，如果不具备对业务的认知，或没有找到数据之间的关联关系，很容易出错或漏处理。
- **统计判别法**：通过统计学的原理进行判断。系统设定一个默认的置信概率，并确定一个置信上下限，凡超过此限制的误差，就认为它不属于随机误差范围，自动判定为异常值。这种方法高效明确，且不会遗漏错误数据。常见的统计判别法有：拉依达准则、肖维勒准则、格拉布斯准则、狄克逊准则、t 检验等，见表 4-9。

表 4-9 统计判别法

统计判别法	操作步骤
拉依达准则	求均值、标准差，进行边界检验，剔除一个异常数据，然后重复操作，逐一剔除
肖维勒准则	求均值、标准差，比对系数读取 Zc(n) 值，进行边界检验，剔除一个异常数据，然后重复操作，逐一剔除
格拉布斯准则	逐一判别并删除达到删除水平的数据。针对达到异常值检出水平，但未达到删除水平的数据，应尽量找到出错原因并给予修正，若不能修正，则比较删除与不删除的统计结论，根据是否符合客观情况做去留选择
狄克逊准则	将数据由小到大排序并统计数量，求极差，比对狄克逊判断表，读取 $f(n,\alpha)$ 值并进行边界检验，剔除一个异常数据，然后重复操作，逐一剔除
t 检验	分别检验最大、最小数据，计算不含被检验最大或最小数据时的均值及标准差，逐一判断并删除异常值

例如导入数值有 10, 11, 17, 9, 20, 174，我们可以通过对比均值、标准差，发现 174 存在异常。

当然，这种使用统计判别法识别并进行异常值删除的方式虽然高效，但也存在风险。因为每个方法不尽相同，得出的异常值也有可能存在偏差。为了减少这种误删的概率，可以将多种统计判别法结合使用，并且找出异常值出现的原因，确定是手工录入错误还是数据接收过程中出错。同时，如果发现有多个异常值，建议逐个删除，即删除一个后再进行检验。

（2）缺失值处理

在数据缺失严重的情况下，分析结果会失真，因此需要对缺失值进行填补。传统方式检查出来的空值由人工进行补充，但是需要补充人员找到相关资料并检验无误后再进行填补。如果对于结果的准确性要求并不是特别高，且我们能通过数据找到规律，那么可以采用合理的方法自动填补空缺值，例如可以根据身份证号码，自动判断人员的性别。常见的缺失值处理方法有平均值填充、K 最近距离法、回归法、极大似线估计法等，见表 4-10。

表 4-10　缺失值处理方法

处理方法	操作步骤
平均值填充	取所有对象（或与该对象具有相同决策属性值的对象）的平均值来填充缺失的属性值
K 最近距离法	根据欧氏距离或相关分析确定距离缺失数据样本最近的 K 个样本，将这 K 个值进行加权平均来估计缺失数据值
回归法	基于完整的数据集，建立回归方程（模型），对于包含空值的对象，将已知属性值代入方程来估计未知属性值，以此估计值来进行填充；但当变量不是线性相关或预测变量高度相关时会导致估计偏差
极大似线估计法	在给定完全数据和前一次迭代所得到的参数估计的情况下，计算完全数据对应的对数似然函数的条件期望（E 步），然后用极大化对数似然函数确定参数的值，并用于下步的迭代（M 步）
多重插补法	由包含 m 个插补值的向量代替每一个缺失值，然后对新产生的 m 个数据集使用相同的方法进行处理，得到处理结果后，综合结果，最终得到对目标变量的估计

值得注意的是，在数据收集的过程中，如果对于某个字段要求非空，则可以在系统导入时自动判断是否为空，如果为空则导入不成功。这样可以从源头控制数据质量。

当然，在进行数据分析的过程中，我们也要看数据量的大小。一般情况下数据量越大，异常值和缺失值对整体分析结果的影响会越小。所以，在“大数据”模式下，如果异常值和缺失值较少，可以忽略，侧重对数据结构的合理性进行分析。

（3）格式内容清洗

如果数据来自系统日志，那么通常在格式和内容方面，会与元数据的描述一致。而如果数据来自人工收集或用户填写，则有可能在格式和内容上存在问题。简单来说，格式内容问题有以下几类。

- **时间、日期、数值、全半角等显示格式不一致**。这种问题通常与输入端有关，在整合多来源数据时也有可能遇到，将其格式进行统一即可。
- **内容中有不该存在的字符**。某些内容可能只包括一部分字符，比如身份证号的尾号是数字或字母，其他部分都是数字，此时若出现其他字符就肯定有问题了。有不该存在字符最典型的情况就是头、尾、中间存在不该有的空格，姓名中存在数字符号、身份证号中出现汉字等。这种情况下，需要以半自动校验来找出可能存在的问题，并去除不需要的字符。
- **实际内容与该字段应有内容不符**。例如姓名写了性别，身份证号写了手机号等，该问题的特殊性在于：并不能以简单的删除的方式来处理，因为成因有可能是人工填写错误，也有可能是前端没有校验，还有可能是导入数据时部分或全部存在列没有对齐的问题，因此要详细识别问题类型。

格式内容问题是比较细节的问题，但很多分析失误都是因为格式内容错误导致的，比如跨表关联或 VLOOKUP 失败（例如由于存在多个空格导致工具认为“成于念”和“成 于念”不是一个人）、统计值不全（数字里有字母使得求和时结果有问题）等，需要大家重点关注。

4.3.5 完成数据血缘初始化

数据血缘收集好之后，我们需要将这些收集完成的数据导入系统。在数据血缘自动化解析之后，可能形成的数据血缘关系中有 90% 是相对准确的，剩下的 10% 通过人工的方法收集完成，需要导入系统中。在导入之前，我们需要做数据人工清洗核查，找到数据异常的部分并进行分析，有问题的需要及时进行核查处理，确认无误后我们可将此纳入正式系统中完成数据血缘关系建立，这些工作就是数据血缘初始化。通常来讲，血缘初始化根据收集方法的不同，需要分情况去确认核查。

针对系统自动化实现的血缘关系，我们要做足数据血缘测试工作，形成的数据血缘关系需要进行真实数据分析，模拟数据对应。对于系统中存在的解析错误问题，及时修复，调整数据血缘的最终关系，形成全链路的数据血缘，从中验证其准确性。如无问题，才能导入正式系统，形成数据血缘元数据管理标准。

人工采集可以理解为是程序解析的一种辅助。与程序解析不同的是，人工采集的结果更准确与翔实，即使是在程序解析可以实现极高准确率的情况下，人工审核也是非常必要的，这样能够减少人工的错误，提高数据血缘准确率。

完成数据血缘初始化后，针对数据血缘的更新，我们可以选择如下两种方式来同步系统中的数据血缘关系。

1）**自动同步**（由系统自动同步数据，进入系统时触发）：当首次进入某个原有空间时，若该空间中已存在大屏、报表、数据填报等资源，但此时空间内还没有“数据血缘”资源数据，Sugar BI 后台会自动创建同步任务，来同步当前空间内已有的资源数据。待同步任务执行完成，即可在“数据血缘”菜单查看当前空间内所有资源的数据血缘。

当新增资源时，例如新创建一个大屏，在单击“保存”的时候，Sugar BI 后台会自动同步该大屏的资源数据，包括数据源、数据模型、SQL 模型、API、图表等资源之间的依赖关系。

空间内已有大屏、报表、数据填报的数据血缘完成自动同步会有延迟，一般在 1～10 小时后执行，新增大屏、报表、数据填报的数据血缘自动同步一般在 1 分钟后执行。

2）**手动同步**（由用户手动同步数据，单击“同步血缘”按钮触发）：设置血缘系统中手动同步按钮，选择需要同步的数据。当需要立即查看数据血缘或同步最新的资源数据时，可以单击“同步血缘”按钮，快速同步空间内的资源数据。待同步任务执行完成，即可在“数据血缘”菜单查看当前空间内所有资源的数据血缘。单击“同步血缘”按钮，即可开始同步。

4.3.6　实现数据血缘的可视化

1. 设置数据血缘可视化内容

数据血缘管理平台分为基础数据血缘平台和数据血缘可视化平台，基础数据血缘平台包含了数据源相关平台，如元数据平台、数据中台等；数据血缘可视化平台重点关注最终数据血缘在哪里使用，比如数据门户、数据目录等，这与企业数字化建设规划息息相关。

元数据是描述数据的数据，是一切数据的基础。数据血缘关系实际上也是一种元数据，很多企业搭建了元数据平台。元数据平台是数据中台的基础设施，其他系统都需要以它为基础搭建。元数据承载最基础的数据，所以元数据平台的搭建是需要考虑要使用尽可能多的数据库及数据导入格式的情况，如 MySQL、Hive、Oracle 等；要能够满足数据结构化、半结构化、非结构化存储，对于不同类型的元数据可以将其按照主题域进行划分，满足快速检索的要求。

数据血缘可视化平台搭建分为两种方式。

方式一，数据血缘可视化平台与基础数据一起建立，按照一体化平台思路建设。优点是可整体考虑，数据及时性高；缺点是数据负载大，一处阻塞可能会造成所有数据不通，导致数据报表无法查看。

方式二，数据血缘可视化平台单独建立，只针对需要做血缘分析的数据进行数据抽取，在不同节点，检索出不同的数据。优点是系统独立，相互之间不影响，安全性高；缺点是数据抽取及时性不高，一般采取 T+1 的方式。

数据血缘可视化的实现可分为以下 3 个步骤。

1）**数据抽取**。数据从源系统抽取到目标系统，这种情况下一般是抽取结果数据。

2）**数据加工**。数据加工是按照数据应用的维度进行展示方面的加工的。

3）**数据装载**。数据转换后在界面段展示。要考虑展示的样式是什么，是图形还是列表方式，是在移动端还是在 PC 端。

2. 设置数据血缘数据更新频率

数据流转路径通过表现数据流动方向、数据更新量级、数据更新频率 3 个维度的信息，标明数据的流入流出信息。因此，设置数据血缘数据更新频率时，首先需要了解以下几个影响更新频率的因素。

- **数据流动方向**：通过箭头的方式表明数据流动方向，该数据流动涉及的系统越多，更新频率就会越高。
- **数据更新量级**：数据更新的量级越大，血缘线条越粗，说明数据的重要性越高。
- **数据更新频率**：数据更新的频率越高，血缘线条越短，变化越频繁，重要性越高。

了解了以上几个影响更新频率的因素后，我们就能判断数据血缘更新频率了。同时，设置数据血缘数据更新频率也要考虑所使用的数据仓库工具。以下是通用的设置更新频率的步骤。

1）**确定更新频率**。确定数据血缘信息更新的频率。这可能因业务需求不同而不同，例如一些关键数据核心指标对实时性要求很高，那么可能要求实时更新。

2）**设置更新任务**。需要在数据仓库工具中设置更新任务。一般来说，可以使用计划任务或定时触发器来设置更新任务。

3）**配置更新参数**。在配置更新任务时，还需要指定更新的参数，例如更新的数据表、数据源、处理流程等。

4）**测试更新**。需要测试更新任务，确保数据血缘信息能够按照预期的方式更新。

请注意，具体的操作步骤可能因使用的数据仓库工具而异。

3. 选择数据血缘可视化模式

企业建设过程中，对于数据血缘可以选择以下两种可视化模式。

（1）图形模式

通过关系图的形式，用节点与有向连接线的可视化方式，展示当前空间内的数据血缘关系。该方式能够清晰展示出数据对象关系，更直观。但数据节点比较复杂时，视觉体验就不好了。图形模式如图 4-4 所示。

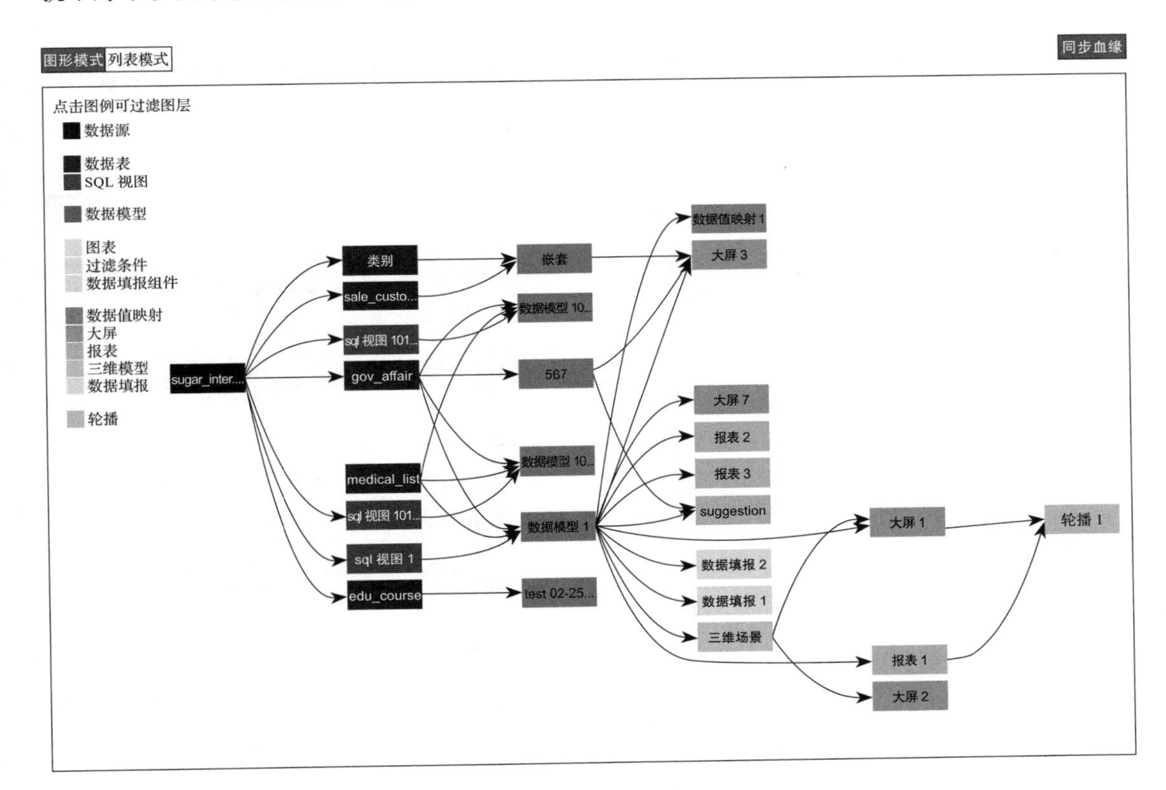

图 4-4　图形模式

（2）列表模式

通过列表的形式，展示当前空间内的数据血缘关系。列表模式可以直接显示上下级关系，但是无法直接显示多级节点，需要进行组装。列表模式如图 4-5 所示。

4. 设置数据血缘自动预警机制

数据血缘自动预警机制是用来帮助监控数据质量和数据流动性的重要工具。设置数据血缘自动预警机制需要以下步骤。

1）**确定需要监控的数据源。**确定需要监控的数据源和数据字段。

2）**创建数据血缘图。**需要通过数据科学或数据分析工具（例如 Power BI、Tableau）创建数据血缘图，以确定数据是如何在数据系统中流动的。

3）**设置数据预警条件。**需要定义数据预警的条件，例如数据缺失或数据超出预期范围。

4）**设置数据预警通知。**需要选择数据预警通知的方式，例如电子邮件、短信或通知中心等。

5）**实现自动化。**需要通过编写代码或使用数据分析工具的自动化功能实现数据血缘自动预警机制。

图形模式 列表模式

同步血缘

导出 Excel

源节点	源类型	目的节点	目的类型
sugar_internal_demo	数据源	gov_affair	数据表
sugar_internal_demo	数据源	gov_affair	数据表
sugar_internal_demo	数据源	gov_affair	数据表
sugar_internal_demo	数据源	gov_affair	数据表
sugar_internal_demo	数据源	medical_list	数据表
sugar_internal_demo	数据源	medical_list	数据表
sugar_internal_demo	数据源	medical_list	数据表
sugar_internal_demo	数据源	medical_list	数据表
sugar_internal_demo	数据源	sql 视图 1	SQL 视图
gov_affair	数据源	数据模型 1	数据模型
medical_list	数据源	数据模型 1	数据模型
sql 视图 1	SQL 视图	数据模型 1	数据模型
数据模型 1	数据模型	表格	图表
数据模型 1	数据模型	多层地图	图表
数据模型 1	数据模型	表格	图表
数据模型 1	数据模型	表格	图表
数据模型 1	数据模型	表格 2	图表
数据模型 1	数据模型	轮播表格	图表
数据模型 1	数据模型	表格 1	图表

图 4-5 列表模式

对于数据血缘预警条件最好结合以下几个方面进行设计。

（1）准确率

假设一个任务实际的输入和产出与血缘中该任务的上游和下游相符，既不缺失也不多余，则认为这个任务的血缘是准确的，血缘准确的任务占全量任务的比例即为血缘的准确率。

准确率是数据血缘中最关键的指标。例如，如果影响范围告警的血缘缺失，可能会导致重要任务没有被通知，从而引发线上事故。

我们在实践中通过以下两种途径，尽早发现有问题的血缘节点。

1）人工校验：和通过构造测试用例来验证其他系统一样，血缘的准确性问题也可以通过构造用例来验证。实际操作时，我们从线上运行的任务中采样出一部分，通过人工的方式校验解析结果是否正确。

2）用户反馈：全量血缘集合的准确性验证是个漫长的过程，但是具体到某个用户的某个业务场景，问题就简单多了。实际操作中，我们会与业务方深入合作，一起校验血缘准确性，并修复问题。

（2）覆盖率

当有数据资产录入血缘系统时，则代表数据血缘覆盖了当前数据资产，被血缘覆盖到的数据资产占所有数据资产的比例即为血缘的覆盖率。

覆盖率是粗粒度的指标。作为准确率的补充，用户通过覆盖率可以知道当前已经支持的数据资产类型和任务类型，以及每种类型覆盖的范围。

在内部，我们定义覆盖率指标的目的有两个，一个是掌握关注的数据资产集合的情况，另一个是寻找当前业务流程中尚未覆盖的数据资产集合，以便后续进行血缘优化。

当覆盖率低时，血缘系统的应用范围一定是不全面的。通过关注覆盖率，我们可以了解血缘的落地进度，推进数据血缘的有序落地。

（3）时效性

从数据资产新增和任务发生修改的时间节点，到最终新增或变更的血缘关系录入血缘系统会存在端到端的延时，而衡量这种延时的指标就是时效性。

对于一些用户场景来说，时效性并不是特别重要，属于加分项，但是在部分场景中，时效性很重要。不同任务类型的时效性会有差异。例如：故障影响范围告警以及恢复，是对血缘实时性要求很高的场景。如果血缘系统只能定时更新 T–1 的状态，则可能会导致严重的业务事故。

要突破时效性的瓶颈，需要业务系统能够近乎实时地将任务相关的修改，以通知形式发送出来，并由血缘系统进行更新。

4.4 本章小结

本章重点讲解了数据血缘实施路径，总结了实施建设过程中成功以及失败的经验教训。血缘建设的成功与否一定离不开以下 5 个因素。

- **较高的数据质量**。数据质量是开展血缘分析的基础，如果数据质量不高，分析工作就无从谈及，所以在做数据血缘分析之前，夯实数据质量是非常有必要的一件事情。
- **明确的建设目标**。数据血缘建设目标需要结合企业的数据管理现状来确定，可以通过对企业进行数据成熟度评估，来确定目前企业所处的阶段，针对每一个阶段对应的数据血缘建设方向，来确定目标是雪中送炭还是锦上添花。同时，我们还需要明确对应的建设方式，无论是选择开源系统、引入厂商还是选择自研的方式，都需要充分考虑人力、财务的相应保障以及实现需求的复杂程度。这样才能确保数据血缘项目的投入产出比达到最大化。
- **清晰的实施路径**。一个不够明晰的实施路径一定会导致项目返工，例如，在规划数据血缘项目的过程中，是否通过调研明确了具体要解决什么问题，实施过程中是否全面考虑了进度、成本、质量等因素，这都将影响接下来的项目实施。尽管目前国内外对于项目管理的知识都比较普及，但一个清晰的实施路径仍然是血缘建设成功的关键。
- **依托于合适的技术**。在数据血缘建设中，有两个阶段需要选择专业性数据技术。一方面，在数据血缘抽取时，可以采用自动和手动方式，其中包含 MySQL、Hive、Oracle 等相关技术；另一方面，在数据存储时，也要选择相应的数据技术，这部分内容将在第 6 章中重点介绍。
- **业务与技术融合**。数据血缘建设需要依托于业务场景需求，明确数据需求场景、需求目标，按项目管理工作标准化进程推动，同时也要进一步理解数据血缘项目与其他的项目不同之处，包含在数据收集、抽取，系统部署方面的差异化。一般要定制化建立数据血缘项目，这样才可保证项目有效落地，突出业务价值。

技术篇

数据血缘的应用离不开技术的支撑，如何结合前端的技术解决实际问题是数据血缘建设工作的重中之重。本篇将详细讲解数据血缘分析技术的应用，以及目前国内外与数据血缘相关的产品的特点。

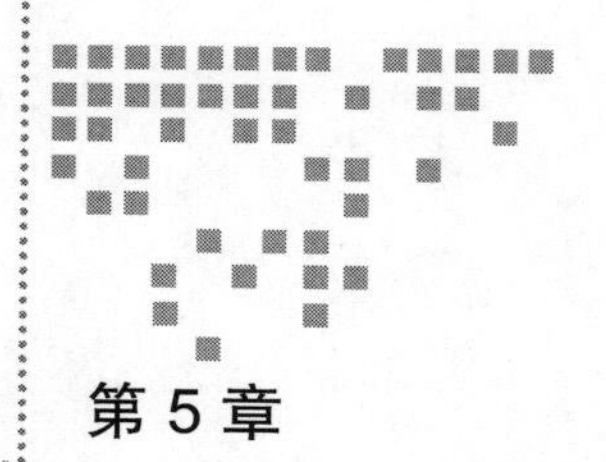

Chapter 5 第 5 章

数据血缘分析应用

在现代化企业的数据管理中，我们经常会遇到以下 5 类难题。

- **数据来源和质量**：企业数据来源多样，涉及多个系统和部门，数据质量往往存在差异和不确定性。
- **数据安全和隐私**：企业数据存储在多个地方，如何保障数据安全和隐私是一个重要的问题。
- **数据价值和利用率**：企业需要对数据进行分析和挖掘，提高数据价值和利用率。
- **数据一致性和集成**：企业需要对不同系统中的数据进行整合和集成，保持数据一致性和准确性。
- **数据访问和授权**：企业需要管理数据的访问和授权，确保数据只能被授权的人员访问。

这些数据管理难题都可以通过数据血缘来解决。

5.1 数据开发应用场景

在数据开发的过程中，我们可以通过数据血缘技术提升数据开发效率，具体有以下 5 个应用场景。

- **业务域的划分**：通过数据血缘确定表的上下游关系，帮助高效进行业务域的梳理和分类。在任务的表和字段的梳理过程中，可以了解表和字段所涵盖的业务范围，方便开发人员在查询业务场景时快速定位到对应的表和字段，从而提升开发查询效率。

- **提升调度性能**：通过收集调度任务的开始和结束时间，可以了解任务 ETL 链路中的时间瓶颈。通过任务执行情况定位性能瓶颈，并调整任务的基线和资源分配，可以提升整条 ETL 链路的执行效率。
- **数据异常定位**：在调度中发现数据异常时，可以利用数据质量控制（Data Quality Control，DQC）和血缘关系来跟踪数据的波动情况，快速定位数据异常的原因。
- **数仓链路优化**：通过对下游表和字段的使用频次进行统计分析，可以找出被广泛使用的部分，进而分析是否存在重复计算和资源浪费的情况。可以考虑将这部分数据建设成统一使用的事实表或维度表，或者包含计算的通用指标，从而优化数仓链路。
- **调度依赖的准确性判断**：在开发过程中，可能会出现修改 SQL 但忘记在调度平台上配置相应依赖关系的情况，从而导致问题的出现。通过对比调度平台的调度关系元数据和收集到的血缘关系，可以及时判断调度任务的依赖是否准确。

通过血缘关系的调度依赖分析，我们可以获得数据的整体情况，如集中度、冗余度、计算成本和存储成本等，并从多个方面对数据进行评估和优化。在实现血缘关系时，业内已经有一些成熟的框架，例如 Druid 已经实现了大部分的解析功能。然而，它的缺点是只能解析 SQL，无法兼容 Spark SQL、Hive SQL 等其他模块的语法，导致解析结果不完整。

更好的解决方法是通过 Spark、Hive 或 Flink 本身提供的 Listener 或 Hook 机制，解析调度依赖中的 FROM、CREATE、INSERT 等语句，获取输入节点与输出节点，从而生成血缘关系。这样就可以解析 SQL 之外的其他语法。对于血缘关系的实现方式，概述如下：首先，通过 Spark Listener、Hive Hook 或 Flink Hook 机制解析调度依赖中的 FROM、CREATE、INSERT 等语句，获取输入节点与输出节点，并生成血缘关系。接着，将血缘关系推送至消息中间件（如 Kafka）。然后，由消费端负责将血缘关系保存到图形数据库（如 Neo4j）中。最后，利用图计算引擎，以图形方式将血缘关系展示在前端界面上。

有 3 个主要的获取血缘关系的时点。

- 在运行之前通过解析静态的 SQL 语句，获取依赖的输入节点与输出节点。
- 在运行过程中实时截取动态的 SQL 语句，获取依赖的输入节点与输出节点。这种方式能够实时获取输入与输出表，并且在依赖关系发生变化时及时更新。该时点是最合适的选择。
- 在运行之后通过解析任务日志，获取依赖的输入节点与输出节点。该时点相对于前两个时点较为滞后，不具有时效性。

需要注意的是，在第二个时点存在一个缺点，即当数据表完成开发但尚未执行时，无法获取完整的血缘关系。因此，在这种情况下，可以通过解析静态 SQL 的方式，建立与其他表的依赖关系。

综上所述，实现数据血缘关系的步骤包括：

1）通过 Spark Listener、Hive Hook 或 Flink Hook 解析调度依赖中的语句，获取输入节点与输出节点，并生成血缘关系。

2）将血缘关系推送至消息中间件。

3）消费端将血缘关系存储到图形数据库中。

4）利用图计算引擎在前端以图形方式展示血缘关系。

5.2 数据资产应用场景

对于一家企业而言，具有会计属性的资产是指由企业过去的交易或事项形成的、由企业拥有或者控制的、预期会给企业带来经济利益的资源。这些资产可以划分为流动资产、固定资产、无形资产和其他资产。

数据资产纳入会计属性资产存在一些困难。这主要是因为针对数据资产的价值评估很难建立一个完整的体系，而且很难量化其带来的经济利益。数据资产在人们的认知中通常只停留在“很重要”的概念上，很难确定具体的价值和所带来的利润，即使估算出一个数字，也很难令人信服。这主要体现在如下方面。

- **数据资产的初始计量和计算流程无法确定。**数据资产无法被明确归属到会计科目中，而现有的会计科目设计需要具体的对象，并且要符合经济管理规则，确保预先设定的核算规则能够顺利执行。与固定资产和无形资产不同，数据资产缺乏相应的初始计量和后续计算流程。
- **对于数据资产的再确认存在界定上的困难。**如果将数据资产作为无形资产的特殊类别，数据资产也会面临类似无形资产无法定为资本化或费用化的问题。资本化支出和费用化支出在企业的生产经营活动中有所区别，资本化支出是将消耗作为代价换取新资产，而费用化支出是将消耗用于企业经营。然而，由于数据资产的特殊属性，很难确定哪些数据产生了价值以及价值的大小，因此很难确定是资本化支出还是费用化支出。
- **数据资产的后续计量也存在困难。**首先，与无形资产类似，难以确定数据资产的使用寿命。其次，摊销方法的选择也不明确。在选择摊销方法时，企业需要根据自身的经济需求和预期效益来确定消耗方式，并在不同会计期间统一使用。最后，数据资产的经济价值易受到多种因素的影响，相对于其他无形资产，数据资产的价值容易受到应用场景和环境的影响。为了更好地衡量数据资产的价值变化，需要制定相应的监督管理规定，定期对数据资产的财务报表进行账面价值的复核。如果账面价值高于可收回金额，就需要按照差额计提数据资产并做好减值准备。对于数据资产的后续计量，可以参考无形资产的相关处理方法进行研究和完善。

综上所述，数据资产的定义和管理存在一定的难点，特别是数据质量对数据资产价值的影响。因此，将数据资产化的第一步是解决数据质量问题。数据质量问题可以从业务端、技术端和基础设施等方面进行分析。

在业务端，业务变动、业务源系统变更和数据输入不规范等因素可能导致数据质量问题。通过数据血缘分析可以帮助梳理业务流程关系和业务场景之间的相关性，减少业务人员的工作量。

在技术端，不规范的数据开发流程和不健全的数据质量监控机制可能导致数据质量问题。数据血缘分析可以对字段、表和库等元数据进行管理，实时监控并发现数据资产异常，并辅助进行事后问题分析。

在基础设施方面，存储计算集群资源不足可能导致数据处理任务失败或延迟，进而影响数据输出结果的准确性。通过数据血缘分析可以监控任务调度资源的占用效率，预警重复任务，并提醒开发人员进行资源优化，提高基础设施资源的使用效率。

综合运用数据血缘技术、数据资产管理系统和数据地图等工具和方法，可以解决部分数据质量问题，并实现对数据的资产化管理。这将有助于更好地理解和评估数据资产的价值，为企业决策和经营提供可靠的数据支持。

5.3 数据安全应用场景

进入大数据时代后，数据安全问题对企业的影响越来越大，尤其是损失成本方面。不仅互联网行业，任何企业一旦接受了“互联网 +”，在经营管理和业务运营过程中都会面临不可忽视的数据安全挑战。

企业的数据涵盖设备、产品、运营、用户等多个方面，一旦数据泄露，就会对企业和用户带来严重的安全隐患。如果数据被篡改，可能导致生产过程混乱，甚至威胁城市安全、人身安全、关键基础设施安全甚至国家安全。当前，各种信息窃取、篡改手段层出不穷，仅依靠技术很难确保数据的安全。

另一个挑战是管理的数据规模越来越庞大。传统企业的数据相对稳定，而互联网行业的数据则呈现多变和繁多的特征。这是因为两者的商业模式不同，传统行业的商业模式相对单一和固定，而互联网行业依赖流量进行持续的商业模式更新和迭代。多变的商业模式产生了更多的数据指标，以支持管理决策者对市场的洞察。同时，互联网的商业模式依附于网络，企业的数据被记录下来，无论是有用的还是无用的，数据规模都呈指数级增长。随着数据的爆发式增长，数据之间的关系变得更加复杂，这无疑给数据安全带来了更大的挑战。

此外，尽管各行业针对数字安全推出了众多技术和方案，如互联网安全产品、嵌入信用卡芯片等。但对企业来说，选择适合自身的网络安全产品、服务或解决方案成为另一个挑战，特别是与数据相关的技术，比如如何追溯数据源头的安全性，如何实现数据之间的准确关联。互联网行业不能再局限于讨论 IT 安全产品和服务本身，而应将其纳入整体的信任体系中，这对于企业未来的转型和创新具有重要作用。

当前，数据安全面临以下挑战。

- **传统安全保护手段失效。**大数据应用使用开放的分布式计算和存储框架，为海量数据提供分布式存储和计算服务。新技术、新架构和新型攻击手段带来新的挑战，传统的安全保护手段显露出严重的不足。
- **大数据平台安全机制存在缺陷。**Hadoop 等大数据生态系统在设计初期对用户身份验证、访问控制、密钥管理、安全审计等考虑不足。同时，大数据应用中常使用第三方开源组件缺乏严格的测试管理和安全认证。
- **数据应用访问控制困难。**不同类型的数据应用（如报表类、运营类、取数类）通常需要为不同身份和目的的用户提供服务，这给身份验证、访问控制和溯源审计带来巨大挑战。
- **大数据的潜在价值导致其易成为攻击目标。**大数据平台涉及多个处理环节，需要在数据采集、传输、存储、处理、交换和销毁等各个阶段采取适当的安全技术和保护机制。
- **数据滥用和伪脱敏风险增加。**随着数据挖掘、机器学习和人工智能等技术的发展，数据滥用情况日益严重。很多表面上经过脱敏或匿名处理的数据可能仍然可以通过分析得到对应的真实明细信息。
- **数据所有者权限问题凸显。**数据共享和流通是大数据发展的关键，然而在许多大数据应用场景中，存在数据所有权不清晰的问题。例如，数据挖掘分析人员可能会对原始数据进行处理并生成新的数据，这些数据的所有权归属于原始数据的所有方还是数据挖掘人员？这个问题在很多场景下仍未得到明确解答。
- **大数据安全法规标准不完善。**大数据应用的推广促进了经济的发展和数据价值的最大化。然而，要推动大数据的健康发展，需要加强政策、监管和法律的统筹协调，加快相关法律法规的建设。

数据血缘技术在数据安全应用场景中具有以下主要作用。

- **安全合规检查：**根据资产的安全等级，通过血缘分析可以扫描高安全等级资产的下游，排除安全合规风险。资产的安全等级不应低于上游资产的安全等级，否则可能存在权限泄露的风险。
- **标签传播：**通过自动识别或人工标记部分资产的安全标签，基于血缘关系可以自动将标签传播到更广泛的下游资产，以确保数据整体的安全性。
- **数据安全性保护：**数据血缘技术可以追踪数据的流转路径，及时发现数据泄露、篡改等安全问题，并采取相应的措施来保护数据的安全。

针对数据安全面临的挑战，有以下解决方案。

1）针对传统安全保护手段失效的问题，需要引入新的安全技术和策略，加强对分布式计算和存储框架的安全防护能力，以应对新兴的攻击手段和威胁。

2）针对大数据平台安全机制缺陷，应加强对开源组件的测试管理和安全认证，确保其安全性和稳定性。

3）要解决数据应用访问控制难题，需要研究和实施更加灵活和精细化的身份验证、访问控制和审计溯源机制，以满足不同用户身份和目的的数据需求。

4）针对大数据潜在价值导致的攻击目标问题，应采取综合的安全技术和策略，保护数据在各个环节的安全，包括采集、传输、存储、处理和销毁等。

5）针对数据滥用和伪脱敏风险增加问题，需要加强隐私保护技术和数据安全管理，确保数据的合法使用和隐私保护。

6）解决数据所有者权限问题，需要明确和规范数据的所有权归属和使用权限，以避免在数据使用过程中产生纠纷和不确定性。

7）加强大数据安全法规标准是确保数据安全的关键。在公司内部和国家范围内，应加强政策、监管和法律的协调，加快大数据安全相关法律法规的制定和实施。这些法规应涵盖以下方面：

- **数据隐私保护：**制定和实施数据隐私保护法律，明确个人数据的收集、使用、存储和共享规则，保护个人隐私权益，防止个人数据被滥用或泄露。
- **数据安全管理：**制定数据安全管理规范，要求企业建立健全的数据安全管理制度和安全管理责任制，包括数据分类、标记、访问控制、备份与恢复等措施，以确保数据的安全性和完整性。
- **数据泄露处置：**明确数据泄露事件的法律责任和处理程序，规定企业应及时报告数据泄露事件，并采取必要的补救措施，保护用户利益和数据安全。
- **数据共享与合规：**建立数据共享与合规的法律框架，明确数据共享的原则和条件，要求数据共享方遵守法律法规，保障数据的合法性和安全性。

- **数据安全审计**：规定企业应定期进行数据安全审计，检查和评估数据安全措施的有效性，发现并纠正安全漏洞和风险，确保数据的安全性和可靠性。
- **跨境数据传输**：制定跨境数据传输的规范和要求，保护用户个人数据在跨境传输过程中的安全和隐私，避免数据被非法获取和利用。
- **处罚措施和赔偿机制**：明确数据安全违规行为的处罚措施和赔偿机制，加大对违规行为的处罚力度，鼓励企业加强数据安全保护措施，降低违规风险。

综上所述，数据安全面临多重挑战，但通过加强技术创新、法律法规建设和企业自身的责任意识，可以有效应对这些挑战，保障数据安全，促进大数据健康发展。

5.4 本章小结

本章主要讲述数据血缘分析的应用，具体的应用场景可以归纳如下。

- **数据治理和合规性管理**：数据血缘可以帮助组织确保其数据资产的质量、安全性和合规性。通过追踪数据的源头和流向，组织可以更好地识别和解决数据质量问题，确保符合法规和标准。例如，对于涉及个人隐私的数据，数据血缘可以追踪数据的使用和共享情况，确保符合隐私法规要求。
- **数据资产管理**：数据血缘可以帮助组织管理其数据资产。通过追踪数据的来源和流向，组织可以更好地了解数据资产的价值和用途，更好地管理和优化数据资产。数据血缘可以揭示数据之间的关系和依赖，帮助组织确定关键数据元素，并有效管理数据资产。
- **数据分析和决策支持**：数据血缘可以帮助分析师更好地理解和信任数据。通过追踪数据的来源和流向，分析师可以更好地了解数据的背景和历史，从而更好地分析数据和做出决策。数据血缘可以提供数据的完整性和可信度信息，帮助分析师对数据进行评估和解释。
- **故障排除和问题分析**：数据血缘可以帮助组织快速诊断和解决数据相关的故障和问题。通过追踪数据的来源和流向，组织可以更快地定位问题和找到解决方案。当数据出现异常或错误时，数据血缘可以追踪数据的流程和变化，帮助分析人员确定问题所在，并进行故障排除。
- **数据集成和数据流程管理**：数据血缘可以帮助组织管理数据集成和数据流程。数据血缘可以帮助发现数据集成中的瓶颈和问题，并提供改进的建议。

综上所述，数据血缘分析在数据治理、数据资产管理、数据分析、故障排除和数据流程管理等方面具有广泛的应用场景，可以帮助组织更好地管理和优化数据资产，提升数据质量和决策能力。

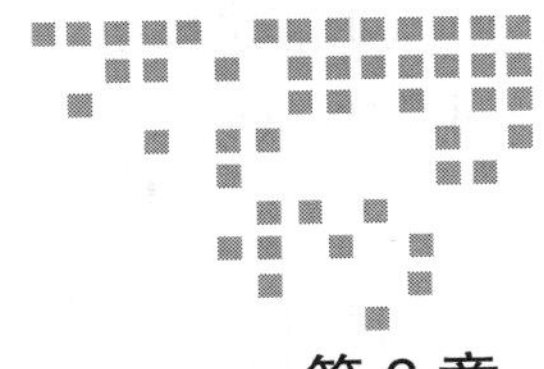

第6章 Chapter 6

数据血缘技术

数据血缘分析建设过程分为3个阶段，包括数据采集阶段、数据建模阶段、数据可视化和分析阶段。本章重点介绍在这些阶段中常用的技术，使读者能够在实际操作中合理选择。

6.1 概述

在整个数据血缘建设过程中，使用的技术很多，按照时间节点先后我们可以将其分为3个阶段。

1）**数据采集阶段**。数据采集是数据血缘建设的第一步，它的目的是收集和整理企业数据资产，为后续的数据建模和分析提供基础。在数据采集过程中，可以使用Web爬虫或数据抽取技术，通过抽取、转换和装载（ETL）等技术手段，将数据从不同的数据源（如数据库、文件、API接口等）中提取出来，然后进行清洗、校验和格式化等操作，最终形成可用的数据集合。

2）**数据建模阶段**。数据建模是数据血缘建设的第二步，它的目的是基于采集的数据资产，构建出数据血缘关系图，为数据血缘分析提供基础。在数据建模过程中，可以使用数据建模工具，数据建模工具可以帮助用户通过拖拽、连线等交互方式，快速构建出数据血缘关系。常见的数据建模工具有ERwin、ER/Studio等。

3）**数据可视化和分析阶段**。数据可视化和分析是数据血缘建设的最后一步，其目的是将建模得到的数据血缘关系以可视化的方式呈现出来，便于用户进行分析和理解。数据可视化和分析技术主要包括手动可视化和自动可视化两种方式。

总体来说，在数据血缘建设过程中，需要根据具体情况选择合适的技术和工具，以保证数据的质量和可靠性，同时提高数据分析和应用的效率和效果。

6.2 数据采集技术

数据采集的目的是获取数据源的元数据，包括数据的表名、列名、类型、格式等信息。数据采集技术主要包括手动采集和自动采集两种方式。

- 手动采集是指通过人工方式获取数据源的元数据信息。这种方式适用于数据源较少的情况，例如一些小型企业或个人开发的项目。手动采集的优点是简单易行，缺点是工作量大，容易出现错误和遗漏。
- 自动采集是指使用专门的工具或程序对数据源进行扫描和分析，自动获取数据源的元数据信息。这种方式适用于数据源比较复杂和庞大的情况，例如大型企业或政府机构的项目。自动采集的优点是高效快捷，准确性高，缺点是需要专业的技术和工具支持。

6.2.1 ETL 技术应用

在数据血缘中，ETL 技术可以帮助创建高效的数据流，从而保证数据的一致性、完整性和可靠性。常规 ETL 的落地步骤如下。

1）**提取**：从各种数据源抽取数据。

2）**转换**：对数据进行格式化，然后对数据进行转换、清理、聚合等处理。

3）**装载**：将转换后的数据装载到目标数据仓库。

ETL 工具是一种帮助执行 ETL 流程的软件，它提供了一个图形界面，方便构建 ETL 流程。

使用 ETL 技术可以有效提高数据管理的效率，并减少人工处理数据的工作量。在数据血缘中，ETL 技术可以帮助组织更好地管理数据和生成报告。使用 ETL 进行数据采集的代码示例如下。

```
from pyspark.sql.functions import col
# 读取 orders 表
orders_df = spark.read.format("csv").option("header", "true").load("path/to/orders.csv")
# 读取 customers 表
customers_df = spark.read.format("csv").option("header", "true").load
    ("path/to/customers.csv")
# 读取 order_items 表
```

```
order_items_df = spark.read.format("csv").option("header", "true").load
    ("path/to/order_items.csv")
# 将orders表和customers表进行join操作，使用customer_id字段作为连接键
order_customer_df = orders_df.join(customers_df, on="customer_id")
# 将order_customer_df和order_items_df进行join操作，使用order_id字段作为连接键
order_customer_items_df = order_customer_df.join(order_items_df, on="order_id")
# 将结果输出到目标表，并记录数据血缘
order_customer_items_df.write.format("parquet").mode("overwrite").save
    ("path/to/target_table")
order_customer_items_df.select("*").write.option("mode", "append")
    .saveAsTable("target_table")
# 打印数据血缘
print(order_customer_items_df.select("*").where(col("order_id") == "1234").explain())
```

使用ETL进行数据采集很简单，重点在于数据关系字段不要匹配错，严格对应匹配关系。

6.2.2 SQL解析应用

在数据血缘采集过程中，SQL解析技术是最常用的技术。SQL解析技术可以对SQL语句中的各个元素进行解析，从而生成SQL语句的语法树和逻辑树，进而提取出SQL语句中的数据血缘信息。以下是使用SQL解析技术进行数据血缘采集的具体步骤，我们以jsqlparse为例进行介绍。jsqlparse是一个使用Python语言编写的SQL解析器库，它可以将SQL语句解析成抽象语法树（AST）的形式。你可以使用jsqlparse对SQL语句的语法进行分析，以实现SQL语句的格式化、语法检查等功能。

这里需要安装和导入jsqlparse，并创建解析器，接下来对SQL进行解析。

1）**提取SQL语句**：首先需要从数据源中获取需要采集血缘的SQL语句，可以从系统日志、程序源代码、数据库执行计划等渠道获得SQL语句。

2）**解析SQL语句**：使用SQL解析器对SQL语句进行解析，生成SQL语句的语法树和逻辑树。

3）**提取数据表和字段**：根据语法树和逻辑树，提取SQL语句中涉及的数据表和字段，以及它们之间的关系。

4）**识别数据流向**：根据逻辑树和数据表关系，识别数据的流向，包括数据从哪些表读入、向哪些表输出。

5）**提取过滤条件**：从逻辑树中提取出SQL语句中的过滤条件，包括WHERE、HAVING、JOIN等。

6）**提取连接条件**：从逻辑树中提取出SQL语句中的连接条件，包括JOIN、UNION等。

7）**分析函数、存储过程和触发器**：对于包含函数、存储过程和触发器的SQL语句，

需要对其进行特殊处理，以提取出其中的数据血缘信息。

8）**存储数据血缘信息**：将提取出来的数据血缘信息存储到相应的数据血缘管理系统中，以供后续的查询和分析使用。

需要注意的是，SQL 解析技术的精度和效率对数据血缘采集的准确性和速度有着非常重要的影响。因此，在实际应用中，需要选择性能优良、支持各种 SQL 方言的 SQL 解析器，并进行合理的参数配置和优化。同时，也需要针对特定的应用场景进行必要的定制化开发和优化。

6.3 数据建模

建模就是为了理解事物而对事物做出的一种抽象，是对事物的一种无歧义的书面描述。建立系统模型的过程，又称模型化。建模是研究系统的重要手段和前提。凡是用模型描述系统的因果关系或相互关系的过程都属于建模。而数据建模是一种定义和分析数据相关要求和相应支持信息系统的过程。数据建模是数据血缘系统建设的核心环节之一，通过建模将采集的元数据信息进行抽象和描述，形成数据血缘图，实现对数据的跟踪和追溯。数据建模的准确性和完整性对于数据治理和数据管理具有重要意义。

在进行数据血缘建模时，技术选择非常重要。通过数据建模，可以对数据进行规范化、分类和描述，这将影响数据血缘在数据治理中的关键作用，便于后期运营中对数据进行管理和使用。以下是 3 种常用的数据建模工具。

- ERwin：ERwin 是一种专业的数据建模工具，支持多种关系数据库管理系统和数据仓库平台，如 Oracle、SQL Server、IBM DB2 等。ERwin 可以帮助用户创建多种类型的数据模型，如逻辑模型、物理模型和数据字典等，同时还支持对数据模型进行版本控制、比较和合并等。ERwin 还提供了多种导入和导出选项，可以方便地与其他工具进行集成。
- ER/Studio：ER/Studio 是一种全面的数据建模和数据架构工具，支持多种关系数据库管理系统和大数据平台，如 Oracle、SQL Server、Hadoop 等。ER/Studio 可以帮助用户创建各种类型的数据模型，如逻辑模型、物理模型、概念模型等。同时，ER/Studio 还支持多种数据架构设计和管理功能，如数据字典、元数据管理、数据血缘等。ER/Studio 还提供了多种自动化和集成选项，可以大大提高工作效率。
- Visio：Visio 是一种通用的图形设计工具，可以用于创建各种类型的表、流程图、组织图等。在数据建模中，Visio 可以用于创建实体关系图（ER 图）和 UML 图等。Visio 提供了丰富的形状和模板，可以帮助用户快速创建高质量的图表。同时，

Visio 还支持多种导入和导出选项，可以方便地与其他工具进行集成。

要选到适合的数据建模工具需要考虑多种因素，如工具的功能、易用性、性能、灵活性、可定制化等。另外，还需要注意工具的兼容性和互操作性，以便与其他工具进行集成和共享。

数据建模过程可以分为3个阶段，即概念建模阶段、逻辑建模阶段和物理建模阶段。其中概念建模阶段和逻辑建模阶段与数据库无直接关系，并不直接与MySQL、SQL Server、Oracle相关联，可作为后期数据物理建模的基础。物理建模阶段的重点是建立数据模型和表，这与数据库的功能息息相关，因为不同厂商对同一功能的支持方式不同。

6.3.1 概念建模

概念建模是数据血缘系统建设的初期阶段，通过对业务规则的梳理来描绘不同业务实体之间的数据关系。概念建模包括以下几个步骤。

1）**需求收集：**在概念建模的过程中，首先需要与业务方进行交流，收集数据血缘系统所需跟踪的数据需求。这一步骤包括确定需要跟踪的数据类型、数据来源和数据去向等。

2）**实体识别：**在需求收集之后，需要识别实体。实体是现实世界中可以区分和独立存在的事物。在数据血缘系统中，实体通常包括数据表、列、文件等。

3）**属性识别：**在数据血缘系统中，属性通常包括数据类型、长度、精度、有效性等。

4）**关系建立：**实体之间的关系是指实体之间的联系或依赖关系。在数据血缘系统中，关系通常包括数据依赖关系、数据流关系等。

5）**建立概念模型：**在完成实体识别、属性识别和关系建立之后，可以开始建立概念模型。概念模型通常是一个图形化的模型，用于描述实体、属性和关系之间的联系。概念模型通常是非常抽象的，不会考虑实现细节。

概念建模的目的是确保数据血缘系统所跟踪的数据与现实世界中的数据一致，从而确保数据血缘系统提供的数据是可信的。它是数据血缘系统建设过程中的第一步，也是最重要的一步。通过概念建模，可以清晰地描绘出不同业务实体之间的数据关系，为后续的数据血缘分析和追踪提供基础。

6.3.2 逻辑建模

逻辑建模是指将概念模型转换为适合计算机处理的逻辑模型。在数据血缘系统建设过程中，逻辑建模是非常重要的一步，因为它能够确保数据血缘系统跟踪的数据与实际数据一致，同时提供一个可行的跟踪方案。

逻辑建模包括以下几个步骤。

1）**概念模型转换**：在逻辑建模的过程中，首先需要将概念模型转换为逻辑模型。这一步通常是通过使用数据建模工具来完成的。

2）**数据模型设计**：在完成概念模型转换之后，需要设计数据模型。数据模型通常是一个图形化的模型，用于描述数据之间的关系和依赖。数据模型通常包括数据表、列、索引等。

3）**数据约束定义**：数据约束是指对数据的限制和规范，例如主键、外键、唯一性约束、非空约束等。在逻辑建模的过程中，需要定义和设计数据约束，以确保数据的一致性和完整性。

4）**数据流设计**：数据流设计是指设计数据的流向和处理过程。在数据血缘系统中，数据流通常是指数据的输入、输出和处理过程。

5）**逻辑模型验证**：在完成数据模型设计、数据约束定义和数据流设计之后，需要对逻辑模型进行验证和测试，以确保数据血缘系统跟踪的数据与实际数据一致。

6.3.3 物理建模

物理建模是指将逻辑模型转换为实际的物理模型。在数据血缘系统建设过程中，物理建模是最后一步，它的目的是确保数据血缘系统能够准确地跟踪数据。

物理建模包括以下几个步骤。

1）**数据库设计**：在物理建模的过程中，需要根据逻辑模型设计数据库。数据库通常包括数据表、列、索引等。

2）**表空间设计**：表空间是指用于存储数据库对象的物理存储空间。在物理建模的过程中，需要设计和配置表空间，以确保数据库对象能够得到正确的存储和管理。

3）**数据类型定义**：在物理建模的过程中，需要定义和配置数据类型，以确保数据能够得到正确的存储和管理。

4）**安全性设计**：安全性是指保护数据不被非法访问和篡改。在物理建模的过程中，需要设计和配置安全性，以确保数据得到保护。

5）**物理模型验证**：在完成数据库设计、表空间设计、数据类型定义和安全性设计之后，需要对物理模型进行验证和测试，以确保数据血缘系统能够准确跟踪数据。

6.4 数据可视化技术

数据可视化是数据血缘建设的第三步，它的目的是将建模得到的数据血缘呈现给用户，为数据血缘分析提供基础。在数据可视化过程中，可以使用以下技术。

- **可视化工具**：可视化工具是一种专门用于可视化数据血缘的工具，例如Gephi、Cytoscape等。用户可以通过这些工具对数据血缘图进行排版、配色、交互式展示等操作，提高图形的可读性和易用性。
- **可视化库**：可视化库是一种用于构建可交互式数据可视化界面的程序库，例如D3.js、Highcharts、ECharts等。用户可以通过这些库自定义可视化图表的样式、布局和交互行为，将数据血缘图与其他数据可视化图表相结合，实现更加丰富和多样化的数据展示。
- **大屏可视化平台**：大屏可视化平台是一种集成了数据采集、数据建模和数据可视化功能的综合平台，它可以实现多种数据可视化需求，例如实时监控、数据分析、业务展示等。常见的大屏可视化平台有FineReport、DataV等。

在实际应用中，数据采集、数据建模和数据可视化是相互关联、相互依存的。例如，在数据采集阶段，需要根据数据源的类型和格式，选择合适的数据抽取方式和工具，以保证数据的完整性和准确性；在数据建模阶段，需要根据数据的业务逻辑和结构，选择合适的数据建模工具和方法，以构建出完整、准确的数据血缘关系；在数据可视化和分析阶段，需要根据数据血缘关系的大小和复杂度，选择合适的可视化工具和库，以实现清晰、易懂的数据展示效果。

6.4.1 数据可视化工具

数据可视化工具可以帮助用户将数据转换为图表、地图或其他形式的图像，以更直观的方式展示数据血缘关系。常用的数据可视化工具包括Tableau、Power BI、QlikView等。

- **Tableau**：Tableau是一款领先的商业智能和数据可视化工具，能够帮助用户在几分钟内创建交互式和可视化的仪表板。它支持多种数据源，包括关系数据库、Excel和Hadoop等，同时提供数据连接、清洗和转换功能。Tableau提供了多种可视化选项，如线图、柱状图、地图和仪表板等，用户可以根据需求选择最合适的可视化类型。此外，Tableau还提供了丰富的分析工具，如趋势分析、聚类分析和预测分析，以帮助用户更深入理解数据。
- **Power BI**：Power BI是一套商业分析工具，用于为组织提供洞察力。它能够连接并获取数百种数据源，简化数据准备工作并提供实时分析功能。用户可以创建个性化仪表板，获得针对其业务的全方位独特见解。Power BI支持基于云的商业数据分析和共享，能够将复杂的数据转化为简洁的视图。用户可以创建可视化交互式报告，并将其发布到移动设备上，随时随地查看。

- **QlikView**：QlikView是一款完整的商业分析软件，可帮助开发者和分析者构建和部署强大的分析应用。它以快速的特点而著称。QlikView应用以高度可视化、功能强大和创造性的方式，使各种终端用户能够互动分析重要业务信息。QlikView具有完全集成的ETL工具、向导驱动的应用开发环境、强大的AQL分析引擎和直观易用的用户界面。它能够从多种数据库中提取和清洗数据，构建强大高效的应用，并允许高级用户、移动用户和终端用户进行修改和使用。QlikView的分析应用能够快速部署，是一个强大的分析工具。

总体来说，Tableau、Power BI和QlikView都是商业智能和数据可视化领域的领先产品，它们都提供了丰富的功能和灵活的可视化选项，能够满足不同用户的需求。Tableau和Power BI的市场占有率和用户规模更大，同时还提供更多的集成和扩展选项，可以方便地与其他工具和应用程序进行集成。QlikView则在性能和数据处理方面具有优势，适用于需要处理大规模数据和实时数据的场景。选择哪个工具需要根据具体的需求、预算和技术能力进行综合考虑。

另外，在进行数据血缘可视化时，上述工具也可以用来创建数据血缘的可视化图表和仪表板，以帮助用户更好地理解数据之间的关系。数据血缘可视化的一般步骤如下。

1）**导入数据**：将需要进行数据血缘可视化的数据导入工具中。

2）**进行数据清洗和转换**：根据需求，对数据进行清洗和转换，以满足可视化的需求。

3）**创建可视化图表和仪表板**：根据需求，利用工具提供的可视化选项，创建展示数据血缘关系的图表和仪表板。

4）**配置交互和过滤选项**：根据需求，设置图表和仪表板的交互和过滤选项，使用户能够根据自己的需求进行数据分析和探索。

5）**发布和共享**：将创建好的可视化图表和仪表板发布到云端或本地，以便进行共享和协作。

在使用这些工具进行数据血缘可视化时，需要注意数据的准确性、可靠性，以及保护数据的安全性和隐私性。同时，还需要了解和掌握工具的使用技巧和最佳实践，以获得最佳的可视化效果和用户体验。

6.4.2 图形库和框架

在数据血缘可视化中，图形库和框架也是非常重要的工具。它们可以帮助用户快速构建数据可视化应用程序，并创建各种类型的可视化图表和仪表板。以下是3个常用的图形库和框架。

- **D3.js**：D3.js是一种基于数据驱动的文档操作库，用于创建各种类型的可视化图表，如线图、条形图、饼图、地图等。D3.js 提供了丰富的 API 和组件，可实现高度定制化的可视化效果。此外，D3.js 还可以与其他库和框架集成，例如 React、Angular、Vue 等。

- Highcharts：Highcharts 是一种流行的 JavaScript 图表库，可用于创建各种类型的图表，如线图、柱状图、饼图、散点图等。Highcharts 提供了丰富的 API 和配置选项，可轻松创建高质量的图表。同时，Highcharts 还提供了多种主题和颜色方案，方便用户根据需要进行选择。
- Plotly：Plotly 是一种基于 JavaScript 和 Python 的数据可视化库，可用于创建各种类型的可视化图表，如线图、条形图、热力图、散点图等。Plotly 具备强大的交互功能，可方便用户进行数据探索和分析。此外，Plotly 还支持多种数据格式和数据源，例如 CSV、JSON、Excel、SQL 等。

选择适合的图形库和框架需要考虑多个因素，如易用性、性能、灵活性、可定制化等。此外，还需要注意工具的开源性和社区支持程度，以便获取更好的技术支持和文档资料。

6.5 其他相关技术

除了上面介绍的几种常用技术外，一些热门的技术也被逐步应用到数据血缘中，如数据挖掘技术、区块链技术、人工智能技术、大数据技术等。下面对这些技术做简单介绍。

6.5.1 数据挖掘技术

数据挖掘算法是一种最主要的数据挖掘技术，是从数据中自动发现模式、关系、异常和趋势的技术。常见的数据挖掘算法包括分类、聚类、关联规则挖掘等。

在数据血缘建设中，数据挖掘算法可以用于数据的分析和挖掘，具体应用如下。

- **数据分类：**通过数据分类算法，可以将数据按照不同的标准进行分类，例如按照数据源、数据类型、数据格式等进行分类。在数据血缘建设中，数据分类可以用于对数据进行分类管理，从而更好地掌握数据的来源和用途。
- **数据聚类：**通过数据聚类算法，可以将数据按照相似性进行分组，从而找出数据中的模式和关系。在数据血缘建设中，数据聚类可以用于数据的发现和分析，例如发现相同格式的数据、相同来源的数据等。
- **关联规则挖掘：**通过关联规则挖掘算法，可以发现数据中的关联规则，例如某些数据之间经常同时出现，或者某些数据之间有因果关系。在数据血缘建设中，关联规则挖掘可以用于发现数据之间的关联关系，例如发现某些数据来源同时出现的情况，或者发现某些数据格式与特定用途有关联的情况。

假设在某个公司的数据血缘建设过程中，需要了解各个部门所使用的数据来源和数据格式，那么可以先通过聚类算法对数据进行聚类，找出相同来源和格式的数据，并将其归为同一组，然后对每组数据进行分析，例如分析它们所属的部门、用途等信息，从而更好地了解各个部门使用数据的情况。

6.5.2 区块链技术

区块链技术是一种去中心化的分布式数据库技术，通过一系列加密算法和共识算法，将数据以区块的形式连接起来，形成不可篡改的分布式账本，使得参与者可以在不获取第三方信任的情况下进行可靠的交易和信息共享。区块链技术的特点如下。

- **去中心化**：区块链技术不依赖于任何中央机构，所有的交易和数据存储都由参与者共同维护，不存在单点故障的风险，也不会受到任何中心化机构的干扰。
- **分布式**：区块链技术将数据分散存储在网络中的多个节点上，每个节点都有一份完整的账本数据，避免了单一节点出现故障导致的数据丢失和安全问题。
- **不可篡改**：由于每个区块都包含前一个区块的哈希值，任何一条数据被篡改都会导致哈希值的变化，从而破坏整个区块链的连续性，因此区块链上的数据具有不可篡改性。
- **安全性高**：区块链技术采用了多种加密算法，包括公钥密码学、哈希函数、数字签名等，保证了交易的安全性和可信度。
- **透明性**：区块链技术将所有的交易和数据记录在公共账本上，每个参与者都可以查看所有的数据，确保了交易的公开透明。
- **高效性**：由于去除了中心化机构的干扰，区块链技术可以实现更快速的交易确认和处理速度，大大提高了交易的效率。
- **不可逆性**：一旦数据被记录在区块链上，就无法被删除或修改，因此交易是不可逆转的。

区块链技术可以在数据血缘中使用，以确保数据的来源、历史和真实性得到验证和保护。区块链是一个去中心化的、可编程的数字账本，记录了所有参与者之间的交互和交易，并使用密码学技术保证数据的不可篡改性和安全性。

使用区块链技术来跟踪数据血缘应用可以从以下几个方面去探索。

- **数据的可追溯性**：区块链记录了数据的来源、历史和流转路径，使得数据可以被准确地追溯和追踪，从而增强了数据的可信度和可靠性。

- **数据的不可篡改性**：区块链使用加密技术保证了数据的不可篡改性，防止任何人在数据血缘中对数据进行篡改。
- **数据的安全性**：区块链的去中心化和分布式架构，使得数据分散在不同的节点中，防止单点故障和被攻击，从而提高了数据的安全性和可靠性。
- **数据的共享和可信互操作性**：区块链可以促进跨组织之间的数据共享和互操作，因为数据血缘可以通过区块链进行共享和验证，从而消除了数据不一致性和信任问题。
- **数据的智能化管理**：区块链可以编程化的方式处理数据，例如使用智能合约来自动化执行某些操作和规则，从而提高数据管理和处理的效率和准确性。

6.5.3　人工智能技术

在数据血缘构建和可视化方面，人工智能技术可以带来以下优势和创新。

- **自动发现和识别关系**：人工智能技术可以利用自然语言处理（NLP）和图像处理技术，自动分析和提取数据处理文档和流程图中的文本和图片信息，将其转换为数据血缘图的节点和边信息。通过这种方式，可以减少人工干预和错误，提高数据血缘图的精度和效率。
- **优化可视化效果和交互性**：人工智能技术可以帮助优化数据血缘的可视化效果和交互性，提高用户体验和数据分析的效率。例如，可以利用图形处理技术和可视化算法，设计出直观清晰、易于理解的数据血缘图，同时提供交互功能，使用户能够灵活地浏览和探索数据血缘关系。

在数据血缘的监控和管理方面，人工智能技术可以提供以下支持。

- **自动发现和预防数据风险和违规行为**：通过机器学习和深度学习算法，可以对数据处理过程中的异常行为和异常数据进行检测和识别，及时发现和防范数据泄露、数据篡改等风险，保障数据安全和合规性。人工智能技术可以帮助企业自动化地监测和管理数据血缘，提高数据治理的效率和效果。
- **优化监管和管理流程**：人工智能技术可以通过自动化识别和分析数据处理流程和规则，提高数据血缘的建设和维护效率。自动化机器学习技术可以自动识别和分析数据处理过程中的数据转换规则和逻辑，从而提高数据血缘的精度和完整性，减少人工干预和错误。这有助于降低数据治理的成本和风险，提高数据质量和效率。

在具体的使用场景中，人工智能技术可以应用于以下方面。

- **数据质量管理**：通过分析数据血缘信息，人工智能技术可以自动发现数据中的错误和不一致之处，帮助企业快速发现和解决数据质量问题。

- **数据风险识别**：通过分析数据血缘信息，人工智能技术可以自动发现和提醒数据风险，帮助企业及时发现和防范潜在的数据安全问题。利用深度学习算法对数据血缘信息进行自动化分析和建模，可以预测出潜在的数据泄露、篡改等风险事件，提高企业的数据安全和合规性。
- **数据流程自动化**：通过分析数据血缘信息，人工智能技术可以自动发现数据处理过程中的规律和模式，帮助企业实现自动化数据流程，提高效率和精度。例如，利用自然语言处理技术对数据处理文档中的语言信息进行自动化分析和建模，自动生成数据处理流程图，减少人工干预错误，提高数据流程的自动化程度。

此外，还可以利用人工智能技术对Python代码进行智能解析，以推导数据之间的血缘关系。通过将源代码解析为解析树，将解析树转换为抽象语法树，将抽象语法树转换为控制流图，然后将字节码发送给虚拟机进行评估，可以实现对代码中关键信息的提取。例如，可以识别代码中引用的外部函数、调用的数据脚本，以及SQL语句使用的数据源、查询的表和更新的字段等。虽然这种方法无法一键生成完整的数据关系，但可以提供大量线索，极大地减少手动梳理数据血缘关系的工作量。

综上所述，人工智能技术在数据血缘分析和建设方面具有自动化、高效性、精度性、准确性、可靠性、可扩展性和可定制性等优势。通过应用人工智能技术，可以提升数据血缘构建和可视化效果，改进数据血缘的监控和管理，以及实现数据血缘的自动化建设和维护。

6.5.4 大数据技术

大数据技术是一组用于管理、处理和分析传统数据处理应用程序无法处理的大型复杂数据集的工具、框架和技术。大数据技术旨在应对数据的4个特征：数量（数据量大）、速度（生成和处理数据的速度快）、多样性（数据类型多）和准确性（数据质量的不确定性高）。大数据技术的目标是使用所有可用数据进行分析处理，而不是使用随机抽样方法。

大数据技术包括各种软件和硬件技术，例如分布式文件系统、NoSQL数据库、MapReduce、Hadoop、Spark和数据仓库解决方案。它涵盖了处理和分析大规模数据集的一系列技术和工具，可以解决数据的存储、管理、处理和分析等问题。

以下是大数据技术在数据血缘中的应用。

- **数据采集与存储**：通过各种方式（如传感器、网络爬虫、数据仓库等）收集数据，并将其存储在大数据存储系统（如云端、Hadoop、NoSQL数据库等）中。

- **分布式计算：** 利用 MapReduce、Spark 等框架进行数据处理，将数据分成小块并在多个计算机上同时处理，以提高计算效率。
- **数据处理与分析：** 利用工具如 Hive、Pig、Spark SQL 等进行数据清洗、转换和聚合，同时应用机器学习算法和人工智能技术进行数据分析和挖掘。
- **数据可视化和报告：** 利用 Tableau、Power BI 等工具将数据可视化，通过报告和仪表板向决策者展示数据分析结果。
- **数据安全和隐私：** 采用安全控制、身份验证和加密等技术来确保数据的安全性和隐私性。

在数据血缘分析中，大数据技术能够帮助组织管理和跟踪大型复杂数据集的迁移。它能够实现大批量数据处理、数据质量管理和数据性能保障。通过优化算法代码和并行处理多个线程任务，大数据技术能够极大地提高数据计算能力和解决高并发问题。

总之，大数据技术在数据血缘分析中扮演着至关重要的角色，通过管理、跟踪和分析大型复杂数据集所需的工具和技术，组织可应对各种数据血缘的挑战。

6.6　本章小结

数据血缘技术是数据血缘建设中要用到的一系列技术，包括数据采集、数据建模、数据可视化以及其他数据处理和应用技术。这些技术在不同的场景下极大地提高了数据采集、数据解析和数据计算的能力，对于数据管理的进步起到了重要作用。

在数据采集阶段，我们着重进行数据的抽取、转换、加工或装载等工作。在数据抽取过程中，使用 SQL 解析和装载等手段，同时依靠元数据映射关系来支持数据来源的可追溯性，确保数据不会混乱。

数据建模阶段将数据模型分为概念模型、逻辑模型和物理模型。概念模型即数据方案模型，根据业务需求进行设计。逻辑模型对业务需求进行梳理、分析和整合，形成可落地的系统方案。物理模型则将系统方案转化为具体的数据物理模型，实现对业务需求的闭环管理。

在数据可视化和分析阶段，将形成的数据模型呈现给不同类型的用户使用，包括业务数据专员、IT 数据专员、数据管理者等。不同角色的管理员在可视化方式的选择方面有所差异，有些偏向业务展现，有些偏向技术实现，这是为了满足用户的不同需求和提供良好的用户体验。

其他数据技术主要是数据血缘建设中可能涉及的潜力性技术。未来对于这些技术的挖掘和应用空间是巨大的，需要更多的探索者踏实研究和突破，能够深入理解其中的一块，并成为行业中引领发展的人才。

科技是推动数据经济发展的主要驱动力。随着技术的不断发展，相信在数据治理工作中将涌现出许多高端技术。如果有幸成为参与其中的一员，就需要脚踏实地、孜孜不倦地探索，努力成为数据行业的引导者。

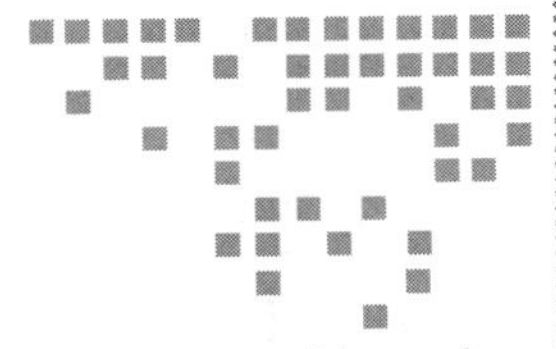

第 7 章 Chapter 7

数据血缘产品

目前市面上绝大部分数据血缘产品是用于跟踪数据流转过程和关系的平台，可以记录数据的来源、传输路径和用途，帮助企业管理和保护其数据资产。这些平台提供了跟踪数据血缘的功能，并可以自动记录和管理数据资产，提高数据的质量和可靠性。企业可以根据自身的需求和情况选择适合的数据血缘相关平台。本章将介绍一些常见的数据血缘产品。

7.1 国外主流数据血缘产品介绍

7.1.1 开源的 Apache Atlas 平台

Apache Atlas 是一款由 Apache 托管的元数据管理和治理产品，在大数据领域得到广泛应用。它能够帮助企业有效管理数据资产，对这些资产进行分类和治理，提供高质量的数据信息以支持数据分析和数据治理。关于 Apache Atlas 数据治理平台的介绍如下。

1. Apache Atlas 的整体架构

Apache Atlas 包括三层架构，如图 7-1 所示。

- **Apache Atlas 服务器**：负责管理和存储元数据，提供用于查询和修改元数据的 REST API。
- **Apache Ranger**：用于管理访问控制策略。
- **Apache Atlas 客户端**：用于与服务器交互，执行元数据查询和修改操作。

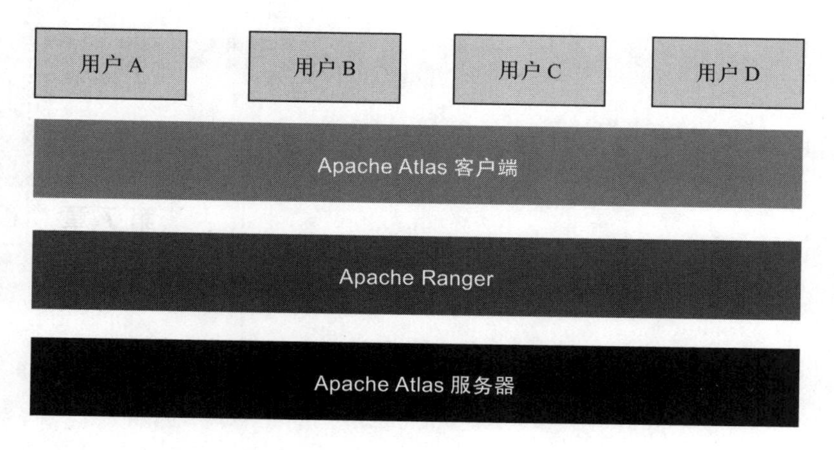

图 7-1 Apache Atlas 的整体架构

2. Apache Atlas 的核心功能

- **元数据管理**：Apache Atlas 提供元数据管理功能，用于识别、分类和管理数据资源，包括数据资源的标记和分类、数据资源间关系的建立、数据资源血缘关系的维护、数据资源使用规则的定义等。
- **数据资源分类和搜索**：Apache Atlas 支持自定义分类和搜索功能，允许用户对数据资源进行标记和分类，以便进行搜索和识别。
- **访问控制和安全性**：Apache Atlas 集成了 Apache Ranger，用于管理访问控制和安全策略。
- **可视化工具**：Apache Atlas 提供了可视化工具，可通过交互式视图对元数据进行查询和展示。
- **插件系统**：Apache Atlas 允许用户通过插件扩展其功能，从而提供更多的自定义功能。

3. Apache Atlas 的优缺点

对于拥有大型数据的企业来说，Apache Atlas 具有以下优势。

- **平台开源**：Apache Atlas 是一款免费开源的数据治理平台，可帮助企业降低成本。
- **可扩展性**：Apache Atlas 具有高度可扩展性，能够处理分布式环境中的大量数据。
- **元数据管理**：Apache Atlas 提供强大的元数据管理功能，可帮助企业更好地管理和掌控数据资源。
- **插件系统**：Apache Atlas 的插件系统可以提供更多的自定义功能，满足企业的特定需求。

Apache Atlas 的缺点如下。

- **学习曲线陡峭**：Apache Atlas 具有一定的学习难度，用户需要花费较高的成本学习其功能和架构。
- **功能较为单一**：Apache Atlas 的功能相对较为单一，主要聚焦于数据治理后端，稳定性较高，但附加功能较少，如果需要定制化，可能需要自行开发。

4. Apache Atlas 的适用场景

Apache Atlas 适用于以下场景。

- **大型企业数据管理**：Apache Atlas 适用于需要管理大量数据资源的企业。它可以帮助企业更好地理解和管理数据资产，建立数据资源之间的关系，并提供元数据搜索和可视化功能。
- **分布式环境**：Apache Atlas 具有高度可扩展性，在分布式环境中能够处理大规模的数据。因此，对于需要在复杂的分布式系统中管理数据的企业来说，Apache Atlas 是一个合适的选择。
- **数据治理和合规性**：Apache Atlas 提供访问控制和安全性功能，可以集成 Apache Ranger，实现对数据的访问控制和安全策略的管理。这使得 Apache Atlas 适用于需要进行数据治理和合规性管理的企业。
- **开源爱好者和组织**：作为开源软件，Apache Atlas 对于喜欢使用和贡献开源软件的个人和组织来说是一个有价值的选择。它提供了扩展性强的插件系统，使得用户可以根据自己的需求定制功能。

总体来说，Apache Atlas 是一款强大的开源数据治理平台，提供丰富的元数据管理和搜索功能，具备可扩展性和适应大规模数据处理的能力。对于需要管理大量数据资源的企业和开源爱好者来说，Apache Atlas 是一个合适的选择。

7.1.2 社交网站 LinkedIn 的数据平台

LinkedIn（领英）开源的数据平台 Datahub 是一个面向数据资产的集成平台，旨在提高数据发现度、可用性和可信度。它的宗旨为 The Metadata Platform for the Modern Data Stack（为现代数据栈而生的元数据平台）。该平台可以帮助用户创建、存储和管理数据，提供数据血缘和数据质量管理功能。Datahub 可以记录和跟踪数据元素的来源、处理和消费过程，为用户提供数据血缘视图和分析工具。同时，Datahub 可以对数据进行质量评估和分析，包括对数据完整性、一致性、准确性等的评估。

1. Datahub 的整体架构

Datahub 的架构中前端为 Datahub frontend，并以页面形式进行展示，这种前端展示形式让 Datahub 拥有了实现多种数据相关功能的能力。Datahub frontend 是基于 React 框架研发的，对于有二次研发打算的企业，要注意此技术栈与企业相关产品的匹配性。Datahub 的后端 Datahub serving 用于提供存储服务，Datahub 的后端开发语言为 Python，存储基于 ES 或者 Neo4J（图形数据库）实现。Datahub ingestion 则用于抽取元数据信息。

Datahub 整体架构主要由以下 6 个部分构成，如图 7-2 所示。

- ❑ **前端用户界面**：用于查找、检索和管理数据资产。
- ❑ **后端 API**：用于连接数据源、管理数据资产和提供元数据服务。
- ❑ **元数据存储**：用于存储数据集合、数据血缘和数据使用信息。
- ❑ **数据连接器**：用于从各种数据源中提取数据和元数据，并将其转换为标准格式。
- ❑ **数据管道**：用于在数据资产之间传输和转换数据。
- ❑ **数据质量检查器**：用于检查数据的质量和完整性。

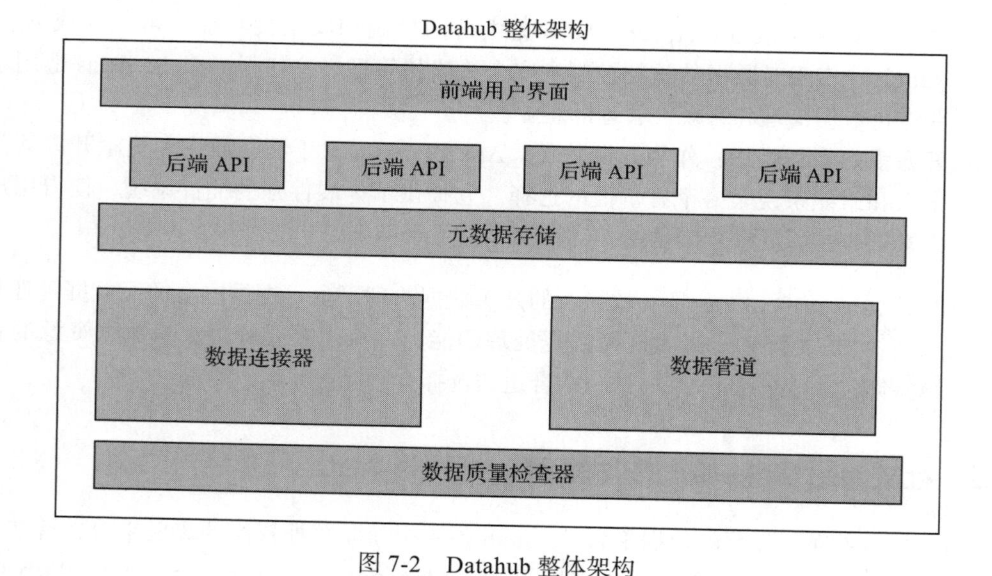

图 7-2　Datahub 整体架构

2. Datahub 的核心功能

- ❑ **数据发现和搜索**：Datahub 允许用户快速查找数据集合，并通过元数据服务了解数据资产的详情，例如血缘关系、更新时间和数据字段等。
- ❑ **数据血缘和影响分析**：Datahub 可跟踪数据的血缘关系，并提供基于血缘关系的影响分析，以便用户可以理解数据如何流动和被使用。

- **数据协作**：Datahub 允许用户在共享数据资产时进行协作，以便不同团队或个人共同使用数据，并可通过注释或讨论来交流想法和反馈。
- **数据使用监控**：Datahub 可监控提供数据使用和访问过程并生成对应的报告，以便用户可以了解数据使用的情况，包括数据访问频率、使用者和使用场景等。
- **数据质量和完整性**：Datahub 允许用户定义数据质量，进行完整性检查，以保证数据的质量和完整性，确保数据的可靠性和可信度。

3. Datahub 的优缺点

Datahub 的优点如下。

- **平台开源**：Datahub 是开源的，可以由其他组织和个人使用、定制和扩展。
- **平台可扩展性**：Datahub 可以根据需要进行扩展和定制，以满足组织的需求。
- **平台集成性高**：Datahub 可与其他数据工具和平台无缝集成，例如 Apache Kafka、Apache Airflow、Apache Spark 等。
- **数据挖掘和可视化**：Datahub 提供直观的数据挖掘和可视化，使用户可以轻松了解和使用数据。
- **数据质量和完整性**：Datahub 提供数据质量和完整性检查功能，以确保数据的可靠性和可信度。

Datahub 的缺点如下。

- **使用门槛高**：相比较而言，Datahub 的使用门槛比 Apache Atlas 低一些，但是 Datahub 也需要一定的技术基础和经验才能进行安装、配置和管理。
- **平台维护成本**：Datahub 需要一定的维护和管理成本，包括硬件成本、人力成本和软件升级成本等。
- **数据安全性**：Datahub 需要合适的安全措施来确保数据的安全性和保密性，例如访问控制、数据加密等。

综上所述，Datahub 是一个功能强大的数据资产集成平台，可以提高数据发现度、可用性和可信度。虽然使用门槛和维护成本较高，但其开源、可扩展和集成性高的优点使其成为一个好的可供选择的数据平台。

4. Datahub 的适用场景

Datahub 提供了丰富的数据源支持与血缘展示形式。在获取数据源的时候，只需要编写简单的 yml 文件就可以完成元数据的获取。在数据源的支持方面，Datahub 支持 Druid、

Hive、Kafka、MySQL、Oracle、PostgreSQL、Redash、Metabase、Superset 等数据源，并支持通过 Airflow 获取数据血缘。可以说实现了从**数据源到 BI 工具的全链路**数据血缘打通。

Datahub 的主要适用场景如下。

- **创建数据集**：用户可以创建数据集，包括数据表、文件、消息等。在创建数据集时，可以指定数据集的属性、字段、格式等信息。
- **发布数据**：用户可以将数据集发布到 Datahub 中，以便其他用户或应用程序访问和使用。在发布数据集时，可以指定数据集的读写权限、保密性等属性。
- **管理数据血缘**：Datahub 可以记录和跟踪数据元素的来源、处理和消费过程，以帮助用户了解数据血缘。在 Datahub 中，用户可以查看数据血缘视图、数据变化历史和数据质量报告。
- **分析数据质量**：Datahub 可以对数据进行质量评估和分析，包括数据完整性、一致性、准确性等。用户可以使用 Datahub 提供的数据质量评估工具，对数据进行评估和分析，并生成数据质量报告。
- **集成其他数据管理工具**：Datahub 可以与其他数据管理工具和平台集成，提供更多的数据管理和分析功能。

总之，Datahub 是一个数据管理平台，可以帮助用户创建、存储和管理数据，提供数据血缘和数据质量管理功能，支持数据分析和业务决策。

7.2 国内主流数据血缘产品介绍

7.2.1 马哈鱼数据血缘平台

马哈鱼数据血缘平台（Gudu SQLFlow）是一款用于分析 SQL 语句，帮助用户在 SQL 环境中进行机器学习建模和推理，可轻松上手的数据血缘平台。

马哈鱼数据血缘平台支持多种机器学习框架，包括 TensorFlow、XGBoost、LightGBM 等，并提供了可视化的工具来帮助用户分析和理解数据。

1. 马哈鱼数据血缘平台的整体架构

马哈鱼数据血缘平台的整体架构分为 3 层：数据源采集层、数据处理层和数据服务层。数据源采集层负责采集各种数据源的元数据；数据处理层负责对采集到的元数据进行处理，生成数据血缘关系；数据服务层则提供数据查询、管理、治理等功能，以及数据血缘关系的展示和分析。具体而言，该平台通过集成数据采集器，对企业内部的数据进行全面、深度采集，同时对采集到的数据进行全面的质量分析和建模，进而对数据的血缘关系进行深入分析和展示。

2. 马哈鱼数据血缘平台的核心功能

马哈鱼数据血缘平台可以帮助用户快速构建和部署机器学习模型，从而提高数据分析和应用开发的效率和准确性，其核心功能如下。

- **全面采集元数据信息**：平台可以采集多种数据源的元数据，包括数据库、文件系统、消息队列、大数据平台等，实现了全面覆盖和全方位数据采集。
- **数据血缘关系展示**：平台可以自动生成数据血缘关系，并支持多种展示方式，如拓扑图、时序图等。用户可以通过这些图形化展示方式，直观地了解数据的来源、流向以及处理过程，方便地进行数据追溯。
- **数据查询和管理**：平台提供了数据查询和管理功能，支持对数据进行分类、搜索、查看、修改等操作。用户可以通过这些功能快速定位目标数据，了解数据的详细信息以及数据所在的位置和状态等。
- **数据治理和安全**：平台支持对数据进行治理和安全管理，包括数据质量管理、数据规范化、数据安全控制等。
- **多维度分析**：平台支持多维度的数据分析和统计功能，如数据来源分析、数据流向分析、数据质量统计等。用户可以通过这些功能深入挖掘数据的价值和潜力，为企业的业务发展提供决策支持。

3. 马哈鱼数据血缘平台的优缺点

马哈鱼数据血缘平台的优点如下。

- **可全面、深度进行数据血缘分析。**马哈鱼数据血缘平台能够对数据的血缘关系进行全面、深度分析，可以帮助企业发现数据传输过程中的问题和风险，从而提高数据质量和安全性。
- **操作简单，容易上手。**马哈鱼数据血缘平台操作简单，只需输入 SQL 语句、选择数据库、分析数据血缘这三步即可实现数据血缘的分析展示。
- **可多维度进行数据探查和分析。**马哈鱼数据血缘平台提供了数据探查和分析功能，可以帮助企业从多个角度深入挖掘数据的潜在价值，发现数据的规律和趋势。
- **可实时进行数据质量和安全监控。**马哈鱼数据血缘平台提供了实时的数据质量和安全监控功能，能够及时发现数据质量和安全问题，帮助企业采取相应的措施，降低相应的风险。

马哈鱼数据血缘平台的缺点如下。

- **需要大量的硬件资源支持**。由于马哈鱼数据血缘平台采用分布式架构，因此需要大量的硬件资源支持，成本较高。
- **不适合中小企业使用**。马哈鱼数据血缘平台的功能和服务主要面向大型企业，对于中小型企业来说可能过于复杂和昂贵。

综合来看，马哈鱼数据血缘平台是一款功能强大、可靠性高的数据管理工具，能够有效帮助企业掌握和管理数据的流向、质量和安全，从而提高数据管理和决策的效率和准确性。

4. 马哈鱼数据血缘平台的适用场景

马哈鱼数据血缘平台以 SQL 环境为主进行数据分析，使用 TensorFlow、XGBoost、LightGBM 等多种机器学习框架进行建模和推理，其适用场景如下。

- **可视化场景**。马哈鱼数据血缘平台提供可视化的工具来帮助用户分析和理解数据。
- **从多种数据源中读取数据的场景**。马哈鱼数据血缘平台支持从 HDFS、Hive、MySQL 等多个数据源读取数据。
- **需要高度灵活的参数配置和调优的场景。**
- **一次性分析多个 SQL 文件的场景。**
- **实时分析数据血缘关系的场景。**
- **要进行多种数据库分析的场景**。马哈鱼数据血缘平台支持多达 25 多种主流数据库。
- 通过 Rest API 开源接口，迅速和其他数据治理平台集成的场景。
- 需要定制库的场景。马哈鱼数据血缘平台提供了数据血缘 Java 库和前端 UI 库。

马哈鱼数据血缘平台可以通过 Web 界面或 Rest API，对单个 SQL 语句、多个 SQL 文件进行实时分析。马哈鱼数据血缘平台是最简单的数据血缘分析工具，只要简单的三步，就可以从复杂的 SQL 语句中发现完整清晰的数据血缘关系，其界面如图 7-3 所示。

第一步：输入 SQL 语句。将需要分析的 SQL 语句输入马哈鱼数据血缘平台中的 SQL Editor。

第二步：选择数据库。选择该 SQL 语句对应的数据库类型，以帮助马哈鱼数据血缘平台准确地分析输入的 SQL 语句。

第三步：分析数据血缘。单击 visualize 按钮，分析输入的 SQL 语句。

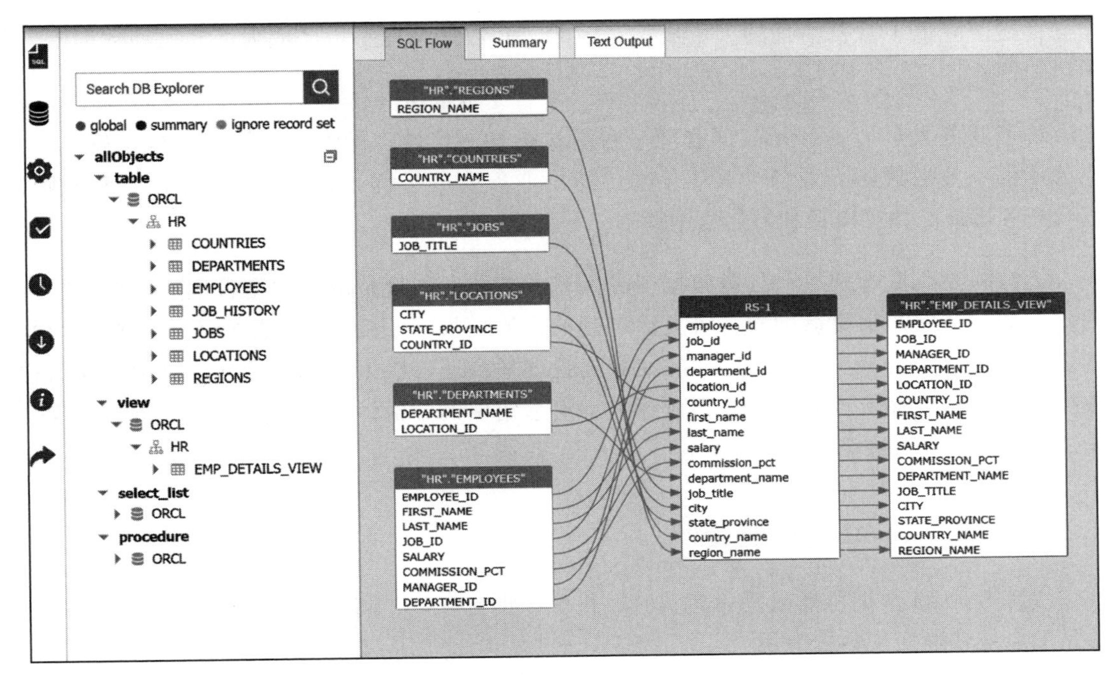

图 7-3　马哈鱼数据血缘平台界面图

7.2.2　FineBI 数据可视化工具

FineBI 是帆软软件有限公司推出的商业智能产品，旨在帮助企业的业务人员充分了解和利用数据。作为新一代进行大数据分析的 BI 工具，FineBI 具备强大的大数据引擎，用户可以通过简单拖拽操作创建多样化的数据可视化信息，自由地进行数据分析和探索，从而释放数据的潜能。

在应用场景方面，FineBI 提供了血缘分析功能，可帮助用户直观地了解当前数据表的来源及使用该表创建的子孙表、组件和仪表板。用户可以通过血缘分析功能快速跳转到相关位置，对数据进行有效管理。

7.2.3　亿信元数据管理平台

亿信元数据管理平台专注于处理技术元数据、业务元数据和管理元数据，旨在帮助用户获取更多的数据洞察力，并挖掘出数据中隐藏的价值。

对于技术人员而言，元数据管理平台通过对分散、存储结构差异大的资源信息进行描述、定位、检索、评估和分析，实现了信息描述和分类的结构化，这为机器处理创造了可能性，显著降低了数据治理的人工成本。因此，元数据管理平台已成为许多大型数据治理项目的核心。

对于业务人员而言，元数据管理平台通过描述、定位、检索、评估和分析业务指标、业务术语、业务规则、业务含义等信息，协助业务人员了解业务含义、行业术语和规则，以及业务指标的数据口径和影响范围等。

亿信的元数据管理平台具备数据产品的基本功能，如规范的元模型管理、端到端的自动化采集、全面的采集适配器、可灵活定制的采集模板、便捷的元数据检索、监控、版本变更和元数据分析等。此外，亿信的元数据管理平台还提供了数据血缘分析应用，例如对数据起源及其推移位置的分析、对血缘关键信息定位的分析、对数据影响的分析、对数据全链路的分析和对数据关联度的分析。

7.2.4 飞算 SoData 数据机器人

飞算 SoData 数据机器人是一套实时 + 批次、批流一体、高效的数据开发治理工具，能够帮助企业快速实现数据应用。

相较于传统的数据加工流程，飞算 SoData 数据机器人实现了流批一体的数据同步机制，基于 Spark 和 Flink 框架进行了深度二次开发，实现了数据采集、集成、转换、装载、加工、落盘等全流程的实时 + 批次处理，可快速满足企业的数据应用需求。

飞算 SoData 数据机器人具有以下 8 个特性。

- **数据质量和血缘关系管理：**通过可视化操作，将校验规则应用于数据质量管理中，通过质量报告监控数据质量，完善数据质量管理的全流程。
- **批流一体分布式计算：**支持分布式 Spark 和 Flink 计算引擎，具有极高的计算速度和可扩展性。
- **实时 + 批次同步：**实现秒级延时和稳定高效的实时数据同步功能，平均延时为 5～10s。
- **低代码数据开发：**采用图形可视化操作，使得数据开发变得简单，只需了解 SQL 即可进行数据开发，通过界面生成代码。
- **AI 应用（NLP、深度学习等）：**集成了多个深度学习框架，如 TensorFlow、PyTorch，以及自然语言处理的工具包（如 NLTK、Gensim、BERT）等，结合其他组件，可提供完整的数据开发解决方案。
- **深度集成 10 个组件：**集成了原生数据库互导、DB-SQL、SparkSQL、Python、Shell、Kafka、Flink-SQL 等 10 个组件，兼容传统数据开发方式，支持复杂的数据开发需求。

- **运维可视化：**提供可视化的作业运维功能，可降低运维成本，提高工作效率。
- **低成本可扩展：**支持单机和分布式部署，既适用于数据量较小、初期不需要大量投入的企业，也适用于拥有大量数据的企业，实现低成本的数据开发、治理和应用。

综上所述，飞算 SoData 数据机器人可以帮助企业高效、低门槛、低成本地进行数据开发、治理和应用。不论是数据量较小的初创企业，还是数据庞大的企业，都可以使用该工具。

7.3 其他数据血缘产品介绍

7.3.1 Informatica 数据平台

Informatica 是一种企业级数据集成和管理平台，可以提供数据血缘和数据资产管理功能。它可以跟踪数据资产的来源、传输路径和用途，以提高数据的可靠性和可用性。它的主要功能如下。

- **数据集成：**Informatica 可以对多种数据源进行集成，包括关系数据库、文件、Web 服务等。
- **数据质量管理：**Informatica 可以对数据质量进行管理和监控，包括数据准确性、完整性、一致性等。
- **数据转换：**Informatica 可以进行数据转换，包括数据清洗、数据整合、数据重塑等。
- **数据血缘分析：**Informatica 可以提供数据血缘分析功能，帮助用户了解数据资产之间的关系，以及数据的来源和去向。
- **数据安全和隐私：**Informatica 可以提供数据安全和隐私功能，支持数据权限管理、数据加密、数据授权等。

在使用 Informatica 之前，需要进行安装和配置，包括数据库的配置、源和目标数据的配置等。具体步骤可参考 Informatica 的官方文档。通过 Informatica 的界面，可以创建数据集成任务，包括选择源数据和目标数据、进行数据转换等。

7.3.2 Alation 数据平台

Alation 是一种数据协作平台，可以自动化记录和跟踪数据血缘。它提供了一种集中管理和控制数据资产的方式，可以提高数据质量、降低风险和提高数据的可用性，其主要功能如下。

- **数据血缘分析**：Alation 可以自动分析数据血缘，为用户提供数据源、数据表、字段等信息，帮助用户理解数据流向和数据质量。
- **数据目录管理**：Alation 可以自动扫描和分类数据资产，并提供数据目录管理功能，包括数据资产的分类、搜索、描述等。方便用户查找和管理数据资产。
- **数据质量分析**：Alation 可以分析数据质量（包括数据缺失、重复、不一致等问题，并提供数据质量报告和指标），并为用户提供数据质量指标和分析报告，帮助用户评估数据质量。
- **协作和沟通**：Alation 可以提供协作和沟通功能（包括注释、讨论、提问等），支持用户之间的交流和协作，方便数据团队管理和沟通。
- **数据访问控制**：Alation 可以提供数据访问控制功能，支持对数据资产的访问控制和权限管理，确保数据安全性和隐私性。

在使用 Alation 之前，需要进行安装和配置，包括数据库的配置、LDAP 或 SAML 的配置、数据扫描的配置等。具体步骤可参考 Alation 的官方文档。

7.3.3 Collibra 数据平台

Collibra 是一种数据治理和血缘平台，可以跟踪数据血缘，提供一种集中化的数据资产管理和数据治理解决方案。它支持多种数据存储和处理引擎，包括 Hadoop、Spark、Hive 和 Kafka 等，其主要功能如下。

- **数据资产管理**：Collibra 可以对企业内的数据资产进行管理和分类，包括数据表、数据字段、数据报表等。
- **数据血缘分析**：Collibra 可以对数据资产进行血缘分析，帮助用户了解数据资产之间的关系，以及数据的来源和去向。
- **数据质量管理**：Collibra 可以对数据质量进行管理和监控，包括数据准确性、完整性、一致性等。
- **数据安全和隐私**：Collibra 可以提供数据安全和隐私功能，支持数据权限管理、数据加密、数据授权等。
- **数据治理工作流**：Collibra 可以提供数据治理工作流，帮助企业内部的数据团队协同工作，确保数据治理流程的顺畅和有效。

在使用 Collibra 之前，需要进行安装和配置，包括数据库的配置、LDAP 或 SAML 的配置、数据源的配置等。具体步骤可参考 Collibra 的官方文档。

7.4　本章小结

本章介绍了国内外常见的数据血缘产品，尽管这些产品在功能上存在差异，但是整体的框架和核心功能都大同小异。这些产品基本都具备了如下功能。

- **数据源采集：** 数据源采集包括元数据的收集、数据关系的清理和数据的抽取导入。这是数据血缘呈现的基础。
- **数据源追溯：** 依据交互的数据关系，都可以追溯数据的最初来源，即数据从哪里来、到哪里去，并查看数据在整个数据管道中的流向和转换。
- **数据血缘分析：** 可以基于不同节点对数据血缘进行分析，例如，查看血缘关系，查看数据在整个数据管道中传输和转换时发生的变化。
- **数据质量管理：** 所有的数据产品都需要对数据质量负责，数据质量决定了数据的有效性，所以要想有准确的数据血缘关系，就必须对数据质量进行实时监控，并在数据质量出现问题时发出警报，以确保数据的准确性和一致性。
- **数据血缘的版本控制：** 存储数据各个版本虽然成本较高，但用途很多。它可以针对不同节点数据关系的变化进行分析，监控数据的变化频率和网络关系。同时，它还可以对不同版本的数据进行管理和追溯，以便更好地了解数据在不同时间点的状态。
- **数据可视化呈现：** 数据可视化是呈现数据血缘结果的方式，任何数据产品如果不能很好地呈现给用户，都如同埋藏在地下的宝藏，无人知晓。所以数据血缘的可视化非常重要，这关系到用户对数据血缘的认识和理解。
- **数据安全性管理：** 数据安全是第一要务，所以要对数据进行分级管理，把握好数据血缘的安全性，让数据发挥价值的同时，也控制好数据安全问题带来的潜在风险。

Chapter 8 第 8 章

数据治理中的数据血缘应用

因为数据血缘依托数据治理体系能更好地发挥作用，所以本章主要介绍数据血缘与数据治理两者的关系，包括数据治理体系的相关概念、目前国内外流行的体系框架以及数据血缘在数据治理中的应用。

8.1 数据治理体系简介

相信从事数据工作的朋友都知道，数据治理是长期、复杂的基础工程，这里面涉及的体系包括标准体系、组织体系、技术体系、流程体系和评价体系等，体系搭建会涉及主数据、元数据、指标数据、数据安全等多个方面的内容。

8.1.1 数据管理、数据治理与数据资产管理

数据管理是指对数据的整个生命周期进行管理，包括数据的创建、收集、存储、分析、维护和销毁等方面。数据管理旨在确保数据在整个生命周期中具有足够高的完整性、可靠性、可用性和安全性，能够满足组织的需求和目标。数据治理是指组织用来管理其数据资产的一组策略、过程和标准。它涉及建立数据使用规则、确保数据质量、保护数据隐私和安全等内容。数据治理的目标是确保一个组织的数据是准确的、一致的和值得信赖的，并适当地使用它来支持组织的目标。

“数据治理是整体数据管理的一部分”，这个概念目前已经得到业界广泛认同。数据资产是在数据治理的基础上建立的，其核心在于如何体现数据价值、实现数据价值和体现数

据赋能。数据管理、数据治理、数据资产管理三者的关系如图 8-1 所示。

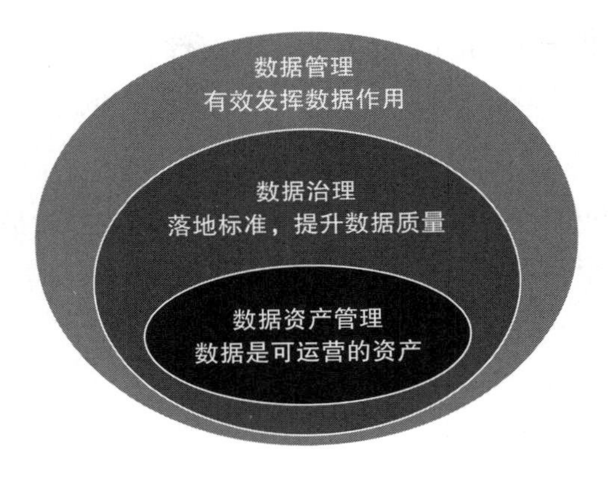

图 8-1　数据管理与数据治理、数据资产管理三者的关系

数据管理和数据治理虽然有一定的重叠和交集，但它们的主要关注点不同。数据管理主要关注数据的实际操作和处理，而数据治理主要关注数据的治理和策略。为了契合数据血缘在数据治理中的应用，本节重点介绍数据治理的相关内容。

1. 数据治理组织、标准及框架

以下是全球知名的数据治理组织、标准及框架。

1）**数据管理协会（DAMA）**：数据管理协会成立于 1980 年，是最早的专业数据管理组织之一。DAMA 是数据管理领域的权威组织，致力于数据管理的推广、规范制定和行业发展。DAMA 的核心观点是数据管理要遵循标准化、规范化的原则，包括数据的定义、分类、管理和治理。

DAMA 制定了一系列数据管理标准和规范，且在全球范围内得到了广泛应用，例如《DAMA 数据管理知识体系指南》，为数据管理提供了重要的参考和指导。

DAMA 还开展了一系列研讨会、培训和认证项目，培养了大量的数据管理专业人才，推动了数据管理的发展和普及。

2）**数据管理论坛（Data Management Forum）**：数据管理论坛是一个欧洲组织，致力于数据管理的推广和规范制定。数据管理论坛的核心观点是，数据管理需要综合考虑业务、技术和法律等方面的因素，以确保数据的一致性、可靠性和可用性。

3）**信息和相关技术控制目标（COBIT）**：COBIT 是一个国际开放标准，为企业信息技术的治理和管理提供指导方针。COBIT 包括一套全面的控制和最佳实践，可用于管理 IT 风险并确保 IT 与业务目标保持一致。COBIT 还包括有关数据治理的指南，涉及数据质量和数据安全性。

4）**信息技术基础架构库（ITIL）**：ITIL 是一个为 IT 服务管理提供指南的框架。ITIL 包括一组 IT 服务管理的最佳实践，包括事件管理、变更管理和服务级别管理。ITIL 还包括有关数据治理的指南。

上述数据管理组织和框架都为数据治理提供了一系列资源和最佳实践，可以帮助企业建立有效的数据管理体系并实现业务目标。

2. 数据治理基础框架

以下是通用的数据治理基础框架。

1）**数据质量管理**。针对数据收集、数据存储、数据整理、数据传输、数据使用和数据维护等环节进行数据质量检查和处理，确保数据的准确性、完整性、一致性、可靠性和时效性。

2）**数据分类管理**。将数据分为不同类别，以便组织能够更好地了解哪些数据是关键的、哪些数据需要被保护、哪些数据可以公开使用等。

3）**数据安全管理**。确保数据在传输、存储和使用时得到安全保护。需要制定相应的策略和措施来保护数据，包括访问控制、加密、防火墙、安全培训等。

4）**数据隐私管理**。更专注于确保个人数据得到充分保护。数据隐私管理需要组织了解适用的数据隐私法规，并制定相应的政策和程序，确保组织在收集、存储、使用和共享个人数据时符合相关法规和标准的要求。

5）**数据治理架构**。目标是确保数据治理体系有效运作，主要工作包括确定组织中数据治理的角色和职责，定义数据治理流程和程序，建立数据治理基础设施，确保数据治理合规性等。

6）**数据治理流程**。目标也是确保数据治理体系高效运作，主要工作包括明确数据收集、存储、分析、共享和维护等方面的流程，以确保数据得到适当的管理和使用。

7）**数据治理团队**。数据治理团队包括负责数据管理和数据治理的专业技术人员和领导、法律和合规人员、其他人员等。

8.1.2 DAMA 的数据治理体系

提到 DAMA 的数据治理体系，就不得不重点介绍数据治理框架 DAMA 车轮图和环境因素六边形图，这两个经典的图体现出数据治理体系中的框架内容和影响因素。

图 8-2 为数据治理框架 DAMA 车轮图，体现了数据治理框架的 10 个组成部分。

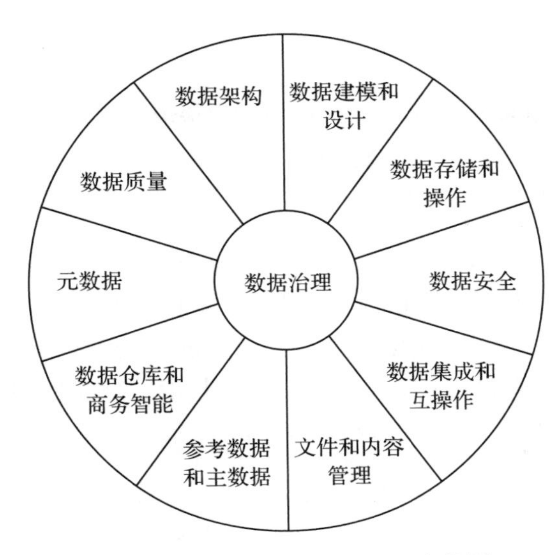

图 8-2　数据治理框架 DAMA 车轮图

图 8-3 为环境因素六边形图，是影响数据治理成功与否的核心，其中包含了人员、技术、过程。人员包括确定人员组织的角色和职责，人员的组织和文化；技术包括使用的工具和交付成果；过程包括能使用的方法和项目过程中的每一个活动。现实工作中，影响的因素远不止这些，但这部分核心的内容是必须考虑的，否则数据治理项目将难以进行，并无法获得成功。

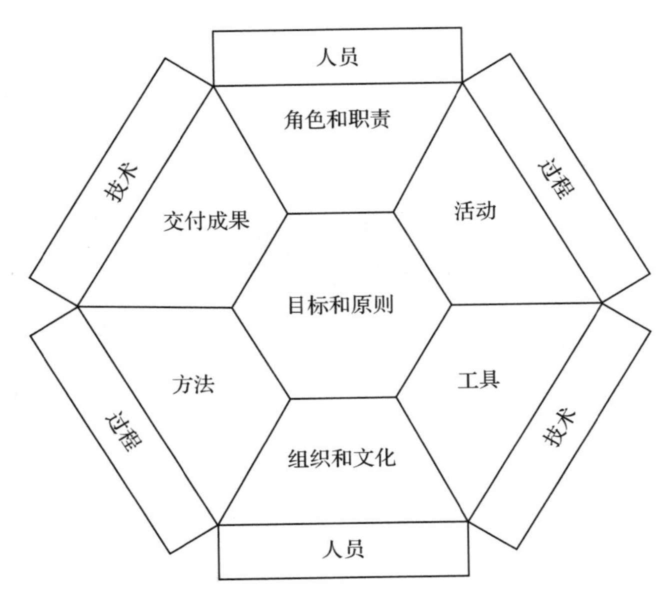

图 8-3　环境因素六边形图

8.1.3 DMM 和 DCMM

DMM 和 DCMM 是数据治理中常用的两个数据成熟度模型。DMM 代表数据管理能力成熟度模型，由 CMMI 协会于 2014 年发布。DCMM 代表数据管理能力成熟度评估模型，由我国工业和信息化部于 2018 年发布。

DMM 主要用于评估数据管理流程的成熟度，包括数据管理策略、数据治理、数据架构和设计、数据开发、数据操作、数据安全和隐私、数据集成和交换、数据质量、数据仓库和商业智能等。DMM 的作用是帮助组织识别和解决数据管理方面的问题，提高组织对数据的管理能力和效率。该模型包括 6 个成熟度级别，从初始级别到优化级别，包括 10 个维度和 34 个关键过程，组织可以使用这些级别来评估自身数据管理的成熟度和发展方向。

DCMM 主要用于评估数据内容的质量和完整性，并确定组织的数据资产是否可以满足业务需求，如图 8-4 所示。它的作用是帮助组织识别和解决数据内容相关的问题，例如数据不一致、缺乏元数据等。该模型包括 5 个成熟度级别，从初始级别到优化级别，组织可以使用这些级别来评估自身数据内容的成熟度和发展方向，并帮助组织评估自身现状并制定改进计划。DMM 和 DCMM 的成熟度划分相近，DCMM 更加详细全面，表述方面更接近国内企业管理实践，更加突出了国内环境下组织数据应用能力的重要性。

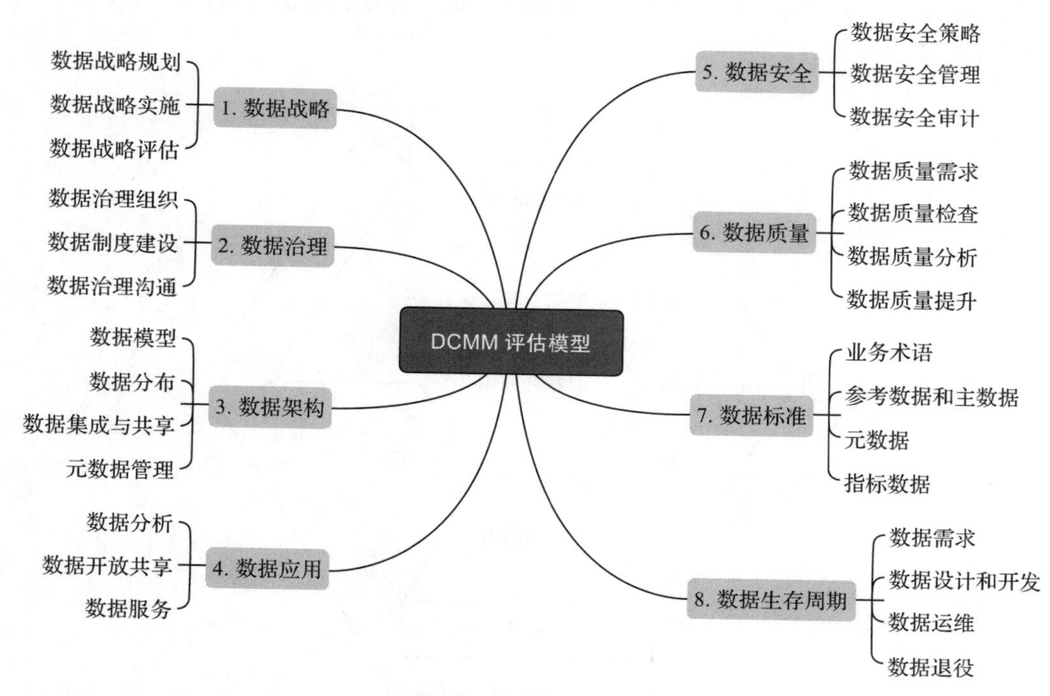

图 8-4 DCMM 示意

8.1.4 华为的数据治理体系

华为作为国内企业，在数据治理体系的搭建方面更能结合我国企业的实际情况，这也是为什么众多企业纷纷模仿华为的原因。经过多年的数据治理实践，华为证明必须建立一个企业级的数据综合治理体系，在面临争议时，还需要有裁决机构和升级处理机制。同时，数据治理过程所需的人才、组织和预算也应得到充分保障。

华为的数据治理体系明确了数据治理的基本原则，包括信息架构、数据产生、数据应用、数据问责与奖惩的内容，以确保数据治理环境被有效构建。

华为在数据治理体系搭建过程中，也形成了一些业内标准规范和管理原则，具体如下。

1）**信息架构管理原则。**

- 建立企业级信息架构，统一数据语言。
- 所有变革项目必须遵循数据管控要求。对于不遵循管控要求的变革项目，数据管控组织具有一票否决权。
- 应用系统的设计和开发必须遵循企业级信息架构。关键应用系统必须通过应用系统认证。

2）**数据产生管理原则。**

- 数据规划必须与业务战略对齐，业务战略规划必须包含关键数据举措及其路标规划。
- 公司数据所有者拥有公司数据管理的最高决策权，依托 ESC（变革指导委员会）决策平台对相关问题进行讨论。各数据所有者负责数据工作目标、信息架构、数据责任机制和数据质量的管理。
- 关键数据必须定义单一数据源，一次录入，多次调用。数据质量问题应在源头解决。
- 谁产生数据，谁对数据质量负责。数据所有者负责根据使用要求制定数据质量标准，并征得关键使用部门的同意。

3）**数据应用管理原则。**

- 在满足信息安全的前提下，数据应在各部门之间充分共享，数据产生部门不得拒绝合理的跨领域数据共享需求。
- 信息披露、数据安全管理、数据保管和个人数据隐私保护等必须遵守法律法规和道德规范的要求。公司保护员工、客户、商业伙伴和其他可识别个体的数据。

4）**数据问责与奖惩管理原则。**

各数据所有者应建立数据问题回溯和奖惩机制，对于不遵循信息架构或存在严重数据质量问题的责任人进行问责。

8.1.5 阿里的数据治理体系

阿里数据治理体系包括 4 个层次：数据治理目标、数据治理架构、数据治理流程和数据治理技术。

- **数据治理目标：**该层次确定数据治理的目标和方向，包括数据的合规性、安全性、质量和价值等。阿里将数据治理的目标归纳为降本增效、增长创新、合规安全和生态价值 4 个方面。这些目标旨在确保数据能够为业务增长和客户服务做出贡献，同时保证数据的安全性和合规性。
- **数据治理架构：**该层次包括数据治理组织、数据治理流程、数据治理制度和数据治理文化等方面。阿里采用分层管理的方式，建立了数据治理委员会、数据治理中心、数据治理工作组等多个组织，以确保数据治理工作的协调和正常推进。此外，阿里建立了一系列数据治理制度，如数据规范、数据审计和数据备份等，以确保数据合规。阿里还注重数据治理文化建设，推动员工对数据治理的重视和参与。
- **数据治理流程：**该层次包括数据采集、数据加工、数据存储、数据应用和数据输出等方面。阿里将数据治理流程划分为数据标准化、数据采集、数据加工、数据质量管理和数据安全保障 5 个环节。通过建立数据平台、应用数据治理工具等方式，阿里确保数据在流程中的合规性、安全性和质量。
- **数据治理技术：**该层次包括数据安全技术、数据治理工具和数据分析技术等方面。阿里采用多种技术手段，如数据加密、权限控制和脱敏技术，以确保数据的安全性和隐私性。阿里还开发了一系列数据治理工具，如数据建模工具、数据质量检测工具和数据可视化工具，以帮助企业更高效地管理数据并提高数据的价值。

8.2 数据治理与数据血缘的关系

数据血缘和数据治理密切相关，相辅相成。数据血缘可在以下方面为数据治理赋能。

- **确保数据完整性：**数据血缘可以帮助确认数据的来源和去向，避免数据丢失或错误。通过追溯数据血缘，数据管理人员可以了解数据的流动路径，确保数据的完整性。
- **确保数据可靠性：**数据血缘可以追溯数据的变化历史，通过了解数据的变化过程，数据管理人员可以评估数据的可信度和准确性。

- **确保数据可用性：** 通过追溯数据血缘，数据管理人员可以快速定位和访问需要的数据，提高数据的可用性和可访问性。
- **确保数据安全性：** 依靠数据血缘可以防止未经授权的访问或篡改。通过了解数据的流动路径和历史轨迹，可以及时发现异常和风险，加强数据的安全保护措施。

总之，数据血缘是数据治理中的基本保障，它帮助组织了解数据元素间的关系和流动路径，支持数据治理的规范管理和决策制定，并确保数据的完整性、可靠性、可用性和安全性。

8.3　数据血缘在数据治理中的应用

在数据治理中，数据血缘技术的应用十分广泛。数据架构的治理、数据安全的治理、数据质量提升治理、数据建模与设计治理、数据安全治理等都离不开数据血缘的参与，这部分内容前面已多次介绍，这里不再展开。

在主数据和参考数据治理中，数据血缘也具有重要的应用。主数据是组织中经过认可的核心业务实体，如客户、产品、供应商等相关信息，而参考数据是为主数据提供支持的数据，如产品类别数据、地区代码数据等。下面是数据血缘在主数据和参考数据治理中的应用。

- **主数据的治理：** 数据血缘可以帮助组织管理和维护主数据。通过跟踪数据血缘，可以确定主数据的来源和修改历史，并及时发现和解决主数据中的问题。例如，当数据血缘显示主数据的源数据发生变化时，可以及时更新主数据，确保主数据的准确性和完整性。
- **参考数据的治理：** 数据血缘可以帮助组织管理和维护参考数据。通过跟踪数据血缘，可以识别参考数据中的问题，如错误、冗余和不一致性等，并及时解决这些问题。例如，当数据血缘显示参考数据的修改历史时，可以根据修改历史来确定哪些数据需要更新，以确保参考数据的准确性和一致性。
- **主数据和参考数据的关系治理：** 通过跟踪数据血缘，可以确定主数据和参考数据之间的关系，以确保这些关系的准确性和完整性。例如，可以根据数据血缘显示的主数据与参考数据之间的映射关系来确保主数据与参考数据之间的一致性。

下面对数据血缘在数据质量、架构、建模和安全方面的应用进行具体介绍。

8.3.1　数据血缘在数据质量提升中的应用

数据血缘在提高数据质量方面的实际应用涉及建立数据元素之间的关系并跟踪从源到

目的地的数据流。这有助于数据管理员、数据分析师和其他数据专业人员更好地了解数据流动和转换的过程，并识别和解决影响数据质量的问题。使用数据血缘来提高数据质量的方法有以下几种。

1. 识别数据质量问题

数据血缘技术可以通过跟踪数据的来源和目的地来帮助识别数据质量问题的根本原因，识别丢失、重复或不准确的源数据，从而更快地解决数据质量问题。

例如，大部分银行业内部管理系统中会有数据仓库，其中包含客户信息、交易记录、贷款信息等数据。其中，客户信息从CRM（客户关系管理）系统中提取，交易记录从交易系统中提取，贷款信息从贷款系统中提取。银行可以通过数据血缘技术来识别数据质量问题。

首先，银行需要将数据血缘技术集成到数据仓库中，然后使用数据血缘技术来跟踪数据从源头到目的地的路径。通过检查数据血缘记录，银行可以发现一些数据质量问题，例如：

- **客户信息表中有重复的记录**。这可能是因为CRM系统中存在重复的客户记录，或者在数据仓库中进行去重操作时出现了问题。
- **交易记录表中的交易金额出现了负值**。这可能是因为交易系统中的数据出现了错误，或者在数据仓库中进行数据转换操作时出现了问题。
- **贷款信息表中的贷款余额与贷款系统中的余额不一致**。这可能是因为贷款系统中的数据更新不及时，或者在数据仓库中进行数据同步操作时出现了问题。

通过识别数据血缘记录中的这些问题，银行可以及时采取措施来解决问题，从而提高数据的准确性和可靠性。

2. 追溯数据历史

数据血缘技术可以跟踪数据变更的历史记录，如修改、转换或合并过程，使数据专业人员能够追溯数据历史，检查数据变化背后的原因，保证数据质量。

3. 支撑数据治理

数据血缘技术可以支持数据治理，如跟踪数据使用、共享、访问情况，协助完成审计，确保合规，从而实现数据治理的闭环。

例如，某家企业需要从多个来源收集客户数据，包括客户姓名、客户电话、交易金额和交易日期。如何使用数据血缘技术来搜集处理这部分数据呢？我们可以跟踪数据的来源系统，确定数据元素之间的关系，并识别客户 ID 的来源（客户姓名有重复的情况，所以一定要明确主数据编码）、交易金额和交易日期。企业可以进一步验证数据是否正确、准确和完整，并确保数据治理周期闭环。

企业内部要想通过数据血缘技术实现数据治理效果提升，需要做如下核心准备工作。

- **收集所有数据元素**：必须收集从源头系统到目标系统的所有数据元素和数据关系，确保数据元素和数据流的准确性、完整性。如果系统有遗漏，则数据血缘分析的结果会失真。
- **及时更新数据血缘信息**：数据血缘关系必须及时更新，如每天定时更新一次，以准确地反映数据元素的变化，保证数据血缘信息的准确性和完整性。
- **数据血缘系统与数据管理系统集成**：数据血缘必须与数据管理系统，如数据建模工具、数据集成工具、元数据管理平台、数据质量工具等集成在一起，这样可以减少数据核对的工作量，及时获取不同系统间不同数据源的数据血缘信息，支持数据的闭环治理。
- **数据血缘可视化**：为了便于数据管理人员使用数据血缘信息，需要对数据关系进行可视化展示。只有可视化才能让业务管理人员更清晰地理解数据问题，理解数据流向，并跟踪数据更改历史记录，能够针对过程节点快速和准确定位产生的问题，制定解决方案，从而提高数据质量和数据治理效率。
- **支持跨系统数据血缘**：在实际操作中，数据处理可能跨越多个系统，因此数据血统需要支持跨系统跟踪和管理，以确保全面的数据质量。

所以，数据血缘在提高数据质量方面的应用价值巨大，可帮助数据管理人员高效管理数据、提高数据的完整性、及时性和准确性。可以说，数据血缘是解决企业数据质量问题的利刃。近年来已经有越来越多的企业开始使用数据血缘来治理数据。

8.3.2 数据血缘在数据架构中的应用

数据架构是一个组织内部或跨组织的数据管理架构，它包括数据的存储、处理、传输和使用等。数据架构的目标是提高数据的质量、可用性、安全性和可管理性，从而支持企业的业务和决策。数据架构通常包括以下几个方面。

- **数据存储**：数据存储是数据架构中最基本的方面，它包括数据的物理存储和逻辑存储。
- **数据处理**：数据处理是指对数据进行加工和处理的过程，包括数据清洗、转换、整合、分析等。数据处理的目的是提高数据的质量、可用性和可分析性。

- **数据传输**：数据传输是指数据在不同系统、应用程序和设备之间传输的过程。在数据传输中要确保数据能够在不同环境中自由流动，并保证数据的完整性和安全性。
- **数据使用**：数据使用是指数据在企业业务和决策中的应用。数据使用的目的是提高企业的业务成效、决策质量和创新能力。

数据血缘可以帮助设计和实现数据架构，因为它提供了数据元素之间的关系和数据元素的来源，可以帮助确定数据的组织方式和布局结构。

在数据架构治理中，数据血缘可以用于追踪数据的来源和去向，以及在数据处理过程中所有转换和处理步骤。例如，通过数据血缘，企业可以发现数据处理流程中可能存在的瓶颈和风险，并及时进行优化和改进；可以追踪敏感数据的流向和使用情况，确保数据得到了合规管理；可以支持数据审计管理，验证数据的完整性和准确性。

下面通过一个案例来了解数据血缘技术是如何帮助企业设计和实现数据架构的。某家企业已经具备了 CRM 系统，在此基础上需要新增搭建一套客服系统。对于客服系统的用户信息，我们需要思考是否可以从 CRM 系统或其他系统引入。具体的操作步骤如下。

1）使用数据血缘技术来跟踪用户数据的来源和流向。这包括确定哪些应用程序和系统会产生客户数据，以及如何将数据从源转换成客服系统需要的格式。

2）根据数据血缘信息，分析用户数据的使用情况，包括哪些业务流程和报告需要使用用户数据，如何使用这些数据。这可以帮助系统架构师更好地了解数据的使用情况，从而更好地设计数据架构。

3）根据数据血缘信息，确定数据架构的需求和规范。例如，确定客服系统需要哪些有关用户的数据表、列和键，如何将数据存储在数据库中以及如何对数据进行索引等。

4）根据需求和规范，设计和实现数据架构。这包括创建数据库表、设计数据模型、定义索引、设置数据约束和权限等。

5）使用数据血缘技术来测试和验证新的数据架构。这可以帮助验证数据架构是否符合预期，并确定是否需要进行更改和优化。

8.3.3 数据血缘在数据建模和设计中的应用

在数据建模和设计中，数据血缘可以帮助我们理解数据元素之间的关系，并且确定每个数据元素的来源和变化。以下是数据血缘在数据建模和设计中的应用和示例。

1. 数据源分析

在数据建模和设计中，我们需要分析和了解数据源的类型、格式、结构和内容。通过数据血缘，我们可以识别出数据元素的来源和路径，从而理解数据源的组成和内容。从而帮助我们设计合适的数据模型和数据仓库结构。

2. 数据元素定义和描述

在数据建模和设计中，我们需要描述每个数据元素的含义、类型、格式和属性等。通过数据血缘，我们可以更好地理解数据元素的含义和用途。

例如，我们需要设计一个销售报表，其中需要销售额、销售量、销售成本等指标。通过数据血缘，我们可以追踪每个指标的来源和路径，确定它们的数据类型和格式，以及它们之间的关系，从而准确描述指标的属性和含义。

3. 数据模型设计和优化

在数据建模中，我们需要设计和优化数据模型，以便更好地支持业务需求和数据分析。通过数据血缘，我们可以理解数据元素之间的关系和依赖性，从而设计出更优的数据模型。

例如，我们需要设计一个客户信息管理系统，其中需要包括客户基本信息、订单信息、支付信息等数据。通过数据血缘，我们可以确定每个数据元素的来源和路径，以及它们之间的关系和依赖性，从而设计出合适的数据模型和数据表结构。

4. 数据变更管理和维护

在数据建模中，我们需要管理和维护数据的变更和更新，以保持数据的准确性和一致性。通过数据血缘，我们可以追踪每个数据元素的变化和来源，从而更好地管理和维护数据变更。

8.3.4　数据血缘在数据安全中的应用

数据安全是指在数据的整个生命周期中，保护数据的机密性、完整性、可用性和可靠性，防止数据被非法访问、篡改、泄露、丢失或破坏的一系列安全措施。在数据管理中，数据安全通常包括以下几个方面。

- **访问控制：** 控制数据的访问权限，只有被授权的人员才可以访问数据。通过身份验证、授权、角色管理等手段，对用户进行细粒度的访问控制，保障数据的机密性。
- **数据保密性：** 对数据进行加密和解密，确保数据在传输和存储过程中不被未经授权的人员获取。例如，在数据传输过程中采用 SSL 加密协议，对数据进行端到端加密，保障数据传输的安全性。

- **数据完整性：**保护数据的完整性，确保数据在存储和传输过程中不被篡改或损坏。例如，采用数字签名、散列函数等技术，对数据进行保护，防止数据在传输和存储过程中被篡改。
- **数据备份和恢复：**在数据管理过程中，需要定期对数据进行备份和恢复，以防止数据丢失或损坏。通过定期备份数据，可以在数据出现问题时快速恢复数据，保证数据的可靠性和可用性。
- **安全审计：**对数据的访问、修改和删除等操作进行监控和审计，以便及时发现和防范数据安全问题。例如，记录用户的访问日志和操作日志，对异常操作进行预警和报警，保障数据的安全性和可靠性。
- **数据分类和标记：**对数据进行分类和标记，以便进行不同级别的安全保护。例如，对重要数据进行高级别的加密和备份，对一般数据进行普通的安全保护，以确保不同级别数据的安全性和机密性。

例如，在一个企业中，有多个部门需要访问和使用数据，但是不同的部门可能需要访问不同的数据元素。数据血缘可以帮助确定数据元素的敏感性和风险，从而帮助制定数据安全策略，例如采用数据访问控制、数据加密等方式保护数据安全。

综上所述，数据管理中的数据安全包括访问控制、数据保密性、数据完整性、数据备份和恢复、安全审计和数据分类和标记等方面。企业需要通过各种技术手段和管理措施，全面保障数据的安全性和可靠性，防范数据安全风险，为企业的发展提供坚实的数据保障。数据血缘可以帮助实现数据安全管理，因为它提供了数据元素之间的关系和来源，可以帮助确定数据的敏感性和风险。

8.4 本章小结

本章着重介绍了数据管理框架、数据治理体系、数据治理与数据管理的关系、数据治理与数据血缘的关系，同时介绍了数据血缘在数据治理中的应用。

数据血缘是数据治理工具的重要组成部分，它可以帮助数据治理实现数据完整性、数据可靠性、数据可用性、数据安全，从而实现更有效地管理好企业数据。

在数据治理的整体框架下，数据血缘可以在数据质量管理、数据架构管理、数据建模和设计、数据安全等方面得到广泛应用。

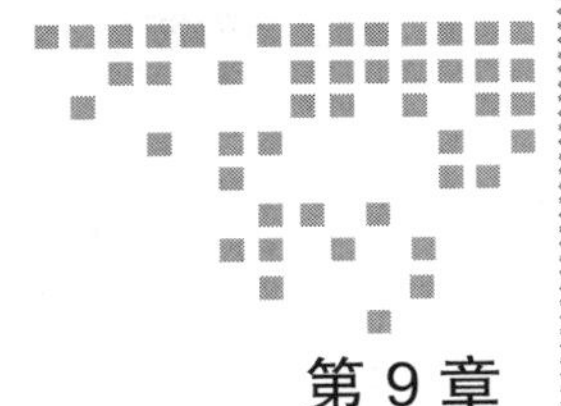

第 9 章 Chapter 9

数据血缘的平台建设

数据血缘的数据可以来自不同的平台，这些数据平台覆盖了数据来源系统、数据血缘采集系统、数据应用系统等，所以数据血缘的完整应用需要依赖于数据相关平台的持续建设。本章重点介绍数据血缘的相关平台建设，包括元数据管理平台、主数据管理平台、数据仓库、数据治理平台以及数据管理驾驶舱，这些平台在数据血缘整个链路中都有不同的应用。本章希望为读者在企业数据系统建设过程提供一些参考。

9.1 数据血缘相关平台介绍

数据血缘系统包含数据源血缘采集、数据血缘处理、数据血缘存储、数据血缘应用分析等相关平台，本节主要介绍常用的元数据管理平台、主数据管理平台、数据仓库、数据治理平台、数据管理驾驶舱，这些平台在数据血缘建设中都有不同的作用。

9.1.1 元数据管理平台

元数据对各阶段数据顺利流动具有重要意义，因此建立一个集中管理元数据的系统对于企业数据管理与使用十分必要。基于企业内部存在的各种各样的业务需求，元数据管理系统大致可以分为以下几个功能模块。

- **元数据获取模块：**主要实现各阶段元数据的统一收集、存储和输出，包括自动获取和手工获取两部分。
- **元数据存储模块：**用于存储元数据以及元模型。

- **元数据功能模块**：主要实现元数据基础操作（查询、新增、修改和删除等操作）、元数据分析（包括业务指标一致性分析、数据血缘分析、数据影响分析等）、元数据权限管理以及元数据服务封装等。
- **元数据应用模块**：主要实现元数据基础能力开放、报表指标优化清理应用、指标运算关系分析应用等。

元数据管理平台的整体架构一般分为 5 层，数据源层、采集层、数据层、功能层和访问层。

- **数据源层**：用于处理元数据管理平台支持的元数据的来源。提供直连多种不同类型数据源的功能，包括数据库类型、ETL 类型、文件类型、业务系统类型等。
- **采集层**：针对不同数据源提供丰富的适配器，实现端到端的自动化采集。同时支持适配器扩展，实现最大限度的自动化采集。
- **数据层**：基于关系数据库进行元数据存储，用于实现元数据和元模型的物理存储。元模型存储了元数据的属性要求和存储格式要求。元数据存储了从各个系统中采集而来的元数据信息。
- **功能层**：提供了元数据管理产品的基本功能，包括元模型增删改查及版本发布功能、元数据增删改查及版本管理功能、元数据变更管理功能、元数据分析应用功能、元数据检核功能，以及产品的系统管理功能。
- **访问层**：用于给用户提供访问控制服务。元数据产品面向的主要用户群为技术设计人员、业务分析人员和系统的运维人员。通过门户访问和后台访问，可以实现多种角色的访问控制。访问层还提供了多种形式的接口服务，可以很方便地与其他 IT 系统进行集成。

对于元数据管理平台的建设，主要关注的内容如下。

- **全面的采集适配器**：平台要内置丰富的数据采集适配器，要全面保障各类源头的元数据自动化采集，一键采集对接，同时可支持适配器快速扩展。元数据管理平台不仅要适配各种数据库、各类 ETL、各类数据仓库和报表产品，还要适配各类结构化或半结构化数据源。
- **规范的元模型管理**：元数据管理平台的元模型建议以元对象设施（Meta Object Facility，MOF）为基础，大部分应该支持 XMI 格式的元模型的导入和导出，同时内置大量技术元数据、业务元数据的元模型，用户可直接使用。
- **丰富的元数据分析应用**：元数据管理平台要提供丰富的分析应用，包括血缘分析、影响分析、全链分析、关联度分析、属性差异分析、元数据对比分析、重复元数据分析、元数据对比分析，同时要支持将分析结果导出并保存。
- **实时的元数据变更监控**：元数据管理平台可实时对元数据变更进行监控，并提供变更订阅功能，将用户关心的元数据变更情况定期发送给用户。

- **出色的元数据检核机制：** 元数据管理平台可提供元数据质量检核功能，包括一致性检核、属性填充率检核和组合关系检核。这是保障元数据质量的重要手段之一。
- **其他功能：** 包括元数据版本管理、元数据检索、元数据监控、元数据门户等，并提供丰富的服务接口支持与外部系统进行交互。

借助工具可使元数据管理工作变得更快速和简单。在搭建企业级元数据管理平台时，通常会针对需求并基于基础产品进行定制开发。因此业务驱动对元数据管理系统的实施十分重要。在具体建设时，可根据需求逐步迭代开发。图 9-1 所示的元数据管理平台架构可作为参考，其中包含基础信息、元模型管理、元数据采集、元数据维护、综合查询等功能模块，要重点关注数据采集的来源系统，确保来源稳定、准确。

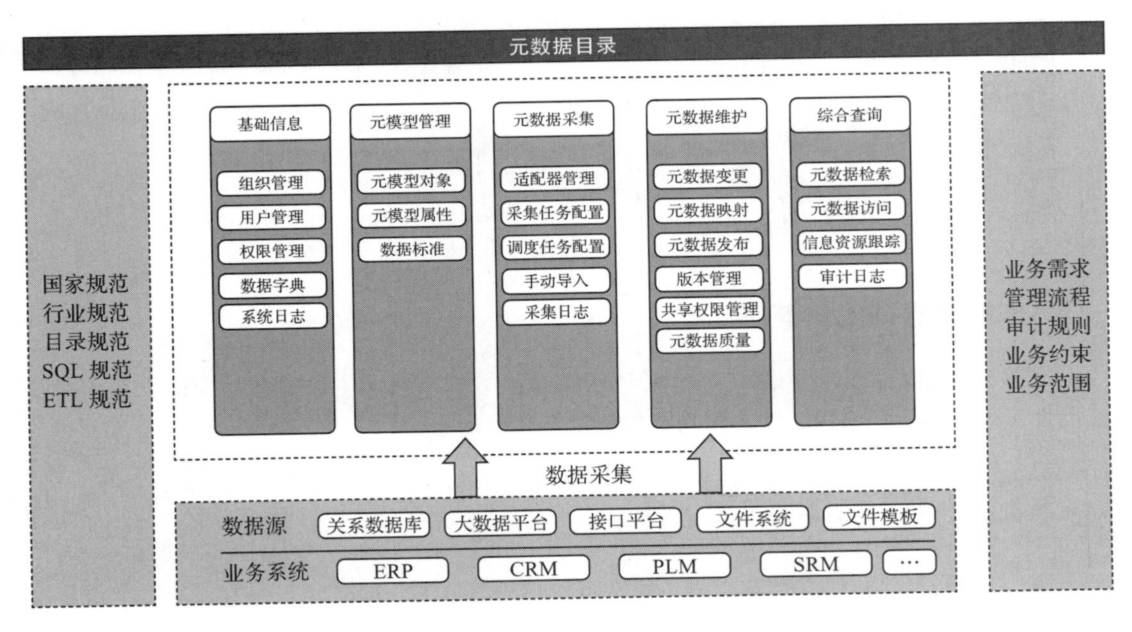

图 9-1　元数据管理平台架构

9.1.2　主数据管理平台

前文提到过主数据的概念定义，主数据是企业内能够跨业务重复使用的高价值的数据。主数据不是企业内所有的业务数据，有必要在各个系统间共享的数据才是主数据，所以主数据又称为黄金数据。近年来，由于各个系统的数据需要进行拉通共享，并且在做决策分析的过程中发现数据质量普遍低下，各部门“各说各话”的情况越来越严重，所以从工具管控的角度出发，越来越多的企业开始全面启动主数据管理平台。主数据管理平台需要具备3个方面的能力——主数据采集集成能力、主数据业务管理能力、主数据治理能力，如图9-2所示。

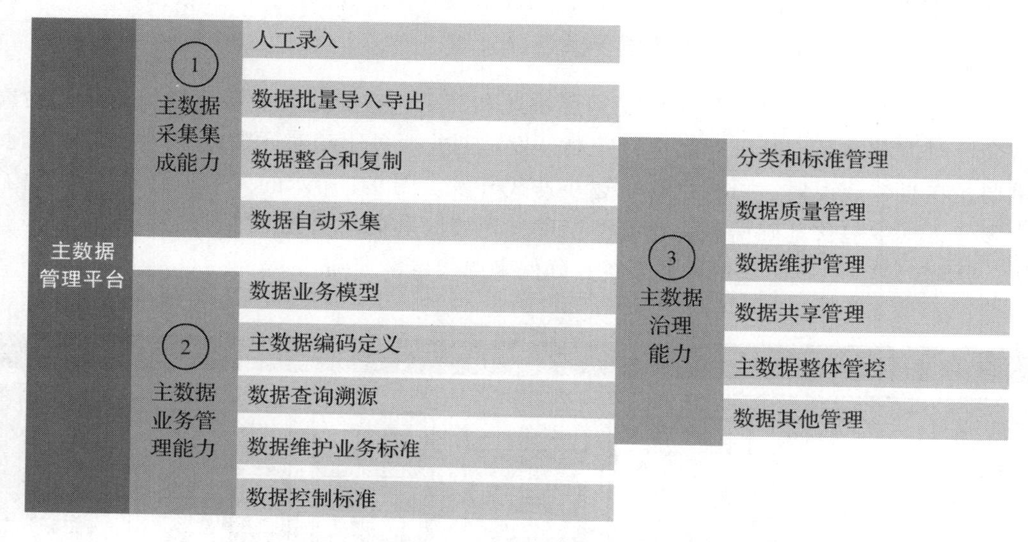

图 9-2 主数据管理平台

1. 主数据管理平台基本功能

主数据管理平台主要用来定义、管理和共享主数据，保证主数据在各个信息系统间的准确性、一致性、完整性，其主要功能包括以下几个部分。

1）主数据采集集成能力，即将主数据的信息集成在一个地方并做统一处理，具体工作如下。

- **人工录入**：平台提供人工录入的界面，对于部分主数据字段，要明确计算逻辑，尽可能减少由于人工录入导致数据出现错误的情况。同时支持附件上传和审批功能。
- **数据批量导入导出**：支持用表格的方式对主数据进行导入和导出。
- **数据整合和复制**：通过数据采集、转换、加工的方式将各部门的系统的主数据信息集成起来，实现数据复制和分发。
- **数据自动采集**：提供API自动采集系统主数据的功能。

2）主数据业务管理能力包括以下部分。

- **数据业务模型**：基于主数据标准的规范化约束，提供可视化建模功能，定义主数据对象、编码规则、属性值等基础要素。

- **主数据编码定义：** 通过编码的形式配置主数据，编码需要遵循唯一性原则。
- **数据查询溯源：** 支持查询主数据，以及查看主数据关联系统的信息、属性信息、数据备份等。利用数据之间的关联关系提供追溯查看功能，并确保查看范围只集中在主数据应用范围内。

3）主数据治理能力包括以下部分。

- **分类和标准管理：** 定义主数据的分类和标准，录入时数据应满足统一的标准，保证主数据的准确性、唯一性、权威性。这里的标准重点集中在业务标准层面，例如主数据的定义、主数据的维护权责、主数据对应的参考数据设置、主数据录入的依据等。只有明确标准，治理才能有依据。
- **数据质量管理：** 依据标准制定质量巡检规则，并通过质量检测工具对存量数据进行检测，输出质检报告，提升质量。
- **数据维护管理：** 提供主数据的创建、审批、发布、修改和失效的生命周期管理以及数据字典的管理维护，确保数据的一致性、准确性、实时性、权威性，具体功能如下。
    - **主数据申请：** 申请获取主数据信息。
    - **主数据变更：** 对主数据进行变更。
    - **主数据冻结：** 对主数据进行冻结，冻结后不能使用。
    - **主数据解冻：** 对主数据进行解冻，解冻后可以继续使用。
    - **主数据失效：** 主数据失效后永远不能再使用。
    - **工作流：** 审批流程维护。
    - **关系图谱：** 展示不同类型主数据间的关系，关系图谱也应用到了数据血缘技术中，可采用列表或树结构方式进行展示。
- **数据共享管理：** 可实现第三方系统对主数据的消费，并对主数据分发进行监控，了解谁用了数据，用了多少数据。共享是主数据的一大特性，如果不能实现完全共享，那么从本质来说，还是无法解决“数据孤岛”的问题。

4）主数据整体管控能力包括以下部分。

- **组织架构：** 建立主数据管理团队，由对应数据所有者维护主数据相关信息。
- **系统监控：** 通过资源访问、功能操作耗时、系统占用监控、错误问题统计等功能监控系统运营状态。
- **标准管控：** 通过统计监控报表中的信息来了解主数据标准的实施进程。
- **流程管控：** 提供创建工作流的能力，实现基础的线上审批功能。

2. 聚焦目标

主数据管理平台在建设或使用过程中应该聚焦于以下目标。

- ❑ 能够识别出哪些是主数据，哪些是业务数据，哪些是指标数据。
- ❑ 对主数据进行集成，实现统一平台，规范化管理。
- ❑ 建立主数据的数据标准定义，将整合主数据的元数据展示出来。
- ❑ 建立流程管理主数据，形成管理制度，使流程规范化。
- ❑ 各系统间的主数据能和企业的主数据进行同步。
- ❑ 对主数据的质量进行监控，能实时解决主数据质量问题。
- ❑ 建立管理制度，形成各部门的主数据考核体系。
- ❑ 定期生成对应的主数据管理考核报告。
- ❑ 建立最佳实践库并进行推广。例如项目一期建设项目域主数据，项目二期建设推广人员主数据、供应商主数据等。

3. 主数据项目建设方法

有了建设目标后，我们就要依据主数据项目建设方法去实现该目标，实现过程可分为以下四部分：摸家底，建体系，接数据，抓运营。

（1）摸家底

在开始主数据平台的建设前需要全面调研和了解企业的数据管理现状，以便做出客观、切实的数据管理评估。在很多情况下，如果某家企业只是生搬硬套方法论，或者全部照搬其他同行的标准，那么大概率会导致平台建设失败。如何摸家底？可以从以下几个方面展开。

1）对业务进行调研，有两种方法——自顶向下和自底向上。

- ❑ **自顶向下：**对公司所有的职能域和业务域进行定义，收集各类数据，让企业对现有资源有全面的了解，掌握企业数据的来龙去脉。
- ❑ **自底向上：**在确认好职能域等前提条件下，从企业信息系统入手，对当前系统的数据进行梳理，明确数据的来源和去向、标准和质量情况。

2）对主数据进行识别，分为 5 个步骤。

①确认主数据识别的指标。首先需要整理出主数据具备哪些特征。当然如果想高效识别主数据，可以参考同行的主数据标准，或者利用数据血缘先对内部系统的数据进行筛选。不管利用何种识别方式，主数据一定都具备以下特征。

- **高价值**：主数据其实是企业的核心数据，是价值最高的数据资产。
- **共享性**：主数据可在多个系统中共享。
- **独立性**：主数据是不可拆分的数据实体，如产品、客户表等。
- **唯一性**：主数据具有唯一的识别标志，如客户号等。
- **稳定性**：主数据相对稳定，变化频率较低。
- **长期有效性**：主数据具有较长的生命周期，可以长期保存。

②基于主数据识别指标，构建评分体系，确定指标权重。

③根据业务调研和数据普查的结果，确认主数据参评范围。

④依据评分标准，识别出企业的主数据。

⑤建立数据管理能力评估体系。企业需要有自己的评估体系，可以参考行业的标准评估体系来构建自己的评估体系。

（2）建体系

需要建立各种体系去保障项目能顺利落地。如果没有一个成熟的体系作保障，那么主数据管理就无法严格地执行下去。要建设的体系如下。

1）**组织体系**：在组织体系中，明确组织的分工和职责。主数据管理涉及各个业务部门，需要成立一个主数据管理组织去统筹项目。

建立主数据管理组织的目标是，统筹规划企业的数据战略，建立主数据标准规范体系、数据管理制度、流程体系、运营体系、维护体系，依托主数据管理平台，实现主数据标准化落地、推广、运营。

管理主数据还需要明确虚拟角色，例如主数据管理员、录入人、审批人、负责人等。只有明确角色岗位，才能有效地将组织运转起来。

2）**标准体系**：分为以下 3 个部分。

- **主数据分类标准化**：根据数据的属性和特征，按一定的原则和方法对数据进行分类。
- **主数据编码标准化**：在信息分类的基础上，为信息对象赋予有一定规律性的、易于计算机和人识别处理的符号。
- **主数据模型标准化**：为主数据的属性组成、字段类型、长度等制定标准。可以抽取多系统、部门间的共性属性和核心属性制定标准。

3）**制度和流程体系**：制度和流程体系可以确保对主数据管理进行有效实施。建立主数据管理制度和流程体系需要明确主数据的归口部门和岗位，明确岗位职责，明确主数据的申请、审批、变更、共享的流程。

4）**技术体系**：主数据管理技术体系的建设应从应用和技术两个层面考虑。

在应用层面，主数据管理平台需具备元数据管理（数据模型管理）、数据管理、数据清洗、数据质量、数据集成、权限控制、数据关联分析，以及数据映射 / 转换 / 装载的能力。在技术层面，重点考虑系统架构、接口规范、技术标准。

5）**安全体系**：主要有 4 个方面。

- **网络安全**：数据流通时的网络安全保障。
- **接口安全**：对外提供接口的安全保障。
- **应用安全**：对主数据平台的身份认证、访问控制、权限控制、安全审计等。
- **数据安全**：对数据的加密存储、加密传输、脱敏脱密等。

（3）接数据

主数据的接入，是将主数据从数据源系统汇集到主数据平台的过程。该过程需要对接入的数据进行清洗、转换、映射、去重、合并、装载……通过一系列的数据加工和处理形成标准统一的主数据。

主数据的接出，是将标准化的主数据分发共享给下游业务系统使用的过程。在主数据接出的过程中，使用的技术与数据汇集技术基本一致。在企业实施主数据的过程中，需要根据不同场景选择不同的集成方式。

（4）抓运营

主数据运营管理包括主数据管理、主数据推广、主数据质量、主数据变现等。

1）**主数据管理**：数据标准和管理规范的常态化贯彻。主数据管理主要是对主数据的新增、变更、使用等过程进行规范处理，需要配合企业主数据管理的相关制度和流程，做到定岗定责、责任到人，从源头上控制好数据的质量，保证数据的唯一来源和统一视图。

2）**主数据推广**：主数据推广是逐步将主数据推广到企业的各个业务中，包括线上、线下的业务。主数据的应用不仅需要推广到各个相关的业务中，保证各业务系统的主数据一致，对于线下业务还应当与主数据保持一致。主数据推广对于单组织企业比较容易，对于集团型企业尤其是多业态集团来说是有一定难度的，企业应做好相应的推广策略和计划表。

3）**主数据质量**：主数据作为"黄金数据"，是企业的核心数据资产，主数据质量的好坏决定了数据价值的高低。整个主数据运营过程，最核心的目标就是持续提升数据质量。主数据质量管理包括主数据质量指标定义、主数据质量模型 / 算法设计、主数据质量核查、主数据质量整改、主数据质量报告生成、主数据质量考评等。

4）**主数据变现**：主数据变现主要体现在以下几个方面。

- **整合协同、降本增效。**确保各系统主数据的标准统一，解决数据重复、不一致、不正确、不准确、不完整的问题，打通企业的采购、生产、制造、营销、财务管理等各个环节，大大提升业务之间协作的效率，降低由于数据不一致引起的沟通成本。
- **增加收入、提升盈利。**通过打通各个系统的数据，可以更加全面准确地进行数据分析。
- **数据驱动、智能决策。**相比基于本能、假设或认知偏见而做出的决策，基于证据的决策更可靠。通过数据驱动的方法，能够判断趋势，从而展开有效行动，帮助自己发现问题，推动创新或解决方案出现。
- **数据即服务、资产。**一方面，可以通过主数据优化内部运营管理和客户服务水平；另一方面，通过对主数据进行匿名化和整合，结合各种不同的业务场景可以为客户或供应商提供针对性服务，从而打通整个产业链。

9.1.3 数据仓库

数据仓库（Data Warehouse），简称 DW 或 DWH。它是基于企业的分析性报告和决策支持需求而建立的，旨在提供一个集中、整合的数据存储环境，是数据血缘中重要的数据来源。对于追求业务智能化的企业而言，数据仓库发挥着至关重要的作用，能够指导业务流程的改进，并监控时间、成本、质量等关键指标，从而实现更为精准和高效的控制。通过数据仓库，企业可以更加深入地利用数据资源，为决策提供有力支持，进而推动企业的持续发展。

1. 数据仓库的基本功能

数据仓库需要具备如下基本功能。

- **数据集成：**数据仓库要具备强大的数据集成能力。它要能将来自不同数据源的数据进行统一集成，实现数据的集中存储和管理。
- **数据清洗和转换：**数据仓库在集成数据的过程中，通过对原始数据进行必要的清洗和转换，能够消除数据中的不一致、重复和错误等问题，提高数据的质量，为后续的数据分析奠定坚实基础。
- **数据组织：**数据仓库要采用特定的数据模型（如星形模型、雪花模型等）对数据进行组织。这些模型能够简化数据的查询和分析过程，提高查询性能，使用户能够更快速、更准确地获取所需信息。
- **数据存储：**数据仓库通常采用大容量、高性能的存储系统，以满足企业对大量数据的存储和查询需求。同时，数据仓库的存储结构也针对查询性能进行了优化，采用列式存储、索引等技术，提高数据的访问速度和查询效率。数据仓库要具备存储企业历史数据的能力。

- **支持各种数据分析和报表工具：** 用户可以通过 SQL 查询、OLAP（在线分析处理）、数据挖掘等方式对数据进行深入分析，发现数据中的规律和趋势，为企业决策提供有力支持。
- **严格的安全机制：** 数据仓库要能根据用户角色和权限进行数据访问控制，确保数据的安全性和合规性。同时，数据仓库要采取一系列安全措施，如数据加密、审计日志等，防止数据泄露和滥用。
- **支持时间维度的数据分析：** 用户可以通过数据仓库分析数据的历史变化和趋势，洞察业务发展的脉络，为决策和预测提供有力支持。

2. 数据仓库架构

数据仓库架构主要包括数据源、数据采集、计算存储系统、数据应用 4 个部分。

- **数据源：** 包括内部数据（如交易数据、会员数据、日志数据，以及由公司业务系统日常产生的数据）和外部数据（互联网数据和第三方服务商数据等，互联网数据就是我们使用爬虫在互联网上爬取的网数据，而第三方数据一般多指公司合作方产生的数据）。
- **数据采集：** 主要包括如下几种采集方式。
  - **离线采集：** 包括全量同步数据和增量同步数据。
  - **实时采集：** 采用实时策略采集数据。例如我们想统计实时的交易数据，那么当产生一笔订单存入业务库时，我们可以通过 Binlog（二进制日志）等多种方式感知数据的变化，把新产生的数据同步至其他消息队列，实时地消费数据。
  - **第三方采集：** 跟公司商务合作的其他公司一般会为数据采购方提供接口，数据采购方通过接口获取数据，当然这只是其中一种方式，不同公司获取数据的策略是不一样的。
- **计算存储系统：** 通过集群的分布式计算能力和分布式文件系统来计算和存储数据。有些企业应用的云服务把业务数据存储到 Hive 中，然后通过将存储系统划分为不同的层级来规划和整合数据。借助分布式文件系统可以存储大量数据，包括很久之前的历史数据。
- **数据应用：** 使用 HQL、MapReduce、SparkSQL、UDF 函数等多种处理方式，对各种业务数据进行处理，形成符合一定规范模式的数据（即进行数据建模），并把这些建模成型的数据提供给外界使用，如 BI 报表应用、挖掘分析、算法模型、可视化大屏系统。

3. 数据仓库分层

数据仓库分层可以让数据结构更加清晰，让数据更便于应用，因为处于不同层级的数据具有不同的作用。在使用表时，通过数据仓库的不同层级，我们可以快速定位和理解数据。我们也可以通过数据仓库分层进行数据血缘追踪。例如向外部提供的是一张业务表，但该业务表可能由多张来源表组成，当其中一张来源表出现问题时，我们可以快速准确地定位问题发生点，并清楚每张表的作用范围。

通过规范化数据仓库分层，开发通用的中间层数据，可以减少重复计算，降低资源消耗，提高单张业务表的使用率。将复杂的业务拆分成多个步骤实现，每一层只处理某一个步骤。若是数据出现问题，只需从出问题的步骤开始修复，无须修复所有数据。这与 Spark RDD（可伸缩的分布式数据集）的容错机制类似。一般数据仓库分为如下几层。

1）ODS（Operational Data Store，操作型数据存储）层：保存所有操作数据，不对原始数据做任何处理。在业务系统和数据仓库之间形成一个隔离，源系统数据结构的变化不影响其他分层。减轻业务系统被反复抽取的压力，由 ODS 层统一进行数据的抽取和分发。记住，ODS 层要保留数据的原始性。

ODS 层的数据处理原则：

- 根据数据源头系统表的情况以增量或全量方式抽取数据。
- ODS 层以流水表和快照表为主，按日期对数据进行分区保存，不使用拉链表。
- ODS 层的数据不做清洗和转换，数据的表结构、数据粒度与原业务系统保持一致。

2）DWD（Data WareHouse Detail，数据仓库明细层数据）层：DWD 层的数据是 ODS 层的数据经过清洗、转换后得到的明细数据，满足对标准化数据的需求，如对 NULL 值的处理、对数据字典的解析、对日期格式的转换、对字段的合并、对脏数据的处理等。

DWD 层的数据处理原则：

- 数据结构与 ODS 层一致，但可以对表结构进行裁剪和汇总等操作。
- 对数据做清洗、转换。
- DWD 层的数据不一定永久保存，具体保存周期视业务情况而定。

3）DWS（Data Warehouse Summary，数据仓库汇总）层：DWS 层按主题对数据进行抽象、归类，提供业务系统细节数据的长期沉淀。这一层存储的是一些汇总后的宽表，是按照各种维度或多种维度对 DWD 层数据进行组合，对需要查询的事实字段进行汇总统计得到的。DWS 层可以满足一些特定查询、数据挖掘应用的需求，可以面向业务层面根据需求对数据进行汇总。

DWS 层的数据处理原则：

- ❑ 面向全局进行数据整合。
- ❑ 存放最全的历史数据，业务发生变化时易于扩展，适应复杂的业务情况。
- ❑ 尽量减少数据访问时的计算量，优化表的关联。

4）ADS（Application Data Service，面向应用的数据服务）层：ADS 层的数据是根据业务需要，对 DWD 层、DWS 层的数据进行统计后得到的结果，可以直接提供查询展现，或导入至 Oracle 等关系数据库中使用。这一层的数据会面向特定的业务部门，不同的业务部门使用不同的数据，支持数据挖掘。

ADS 层的数据处理原则：

- ❑ 形式不受限制，主要按不同的业务需求来处理。
- ❑ 保持小的数据量，定时刷新数据。
- ❑ 数据可以同步到不同的关系数据库或 HBase 等其他数据库中。
- ❑ 最终数据可满足业务人员、数据分析人员的需求。

数据仓库分层示意如图 9-3 所示。

图 9-3　数据仓库分层

9.1.4　数据治理平台

随着大数据平台和工业互联网的兴起，数据治理平台主要采用数据中台技术和微服务架构，为数据资源中心与外部数据系统提供数据服务。

下面介绍数据治理平台发展背景和平台架构需求分析，重点对数据治理平台功能架构的各个模块进行详细介绍，供企业在规划建设数据治理平台时参考和借鉴。

1. 数据治理平台建设的背景与需求分析

各个企业正在逐步成立数据中心、大数据分析中心，来推进企业内部的数据采集、归集、整合、共享、开发与应用，改善和解决数据孤岛、数据质量差和业务协同的难题，赋能整个企业的效率提升。这是绝大部分企业建设数据治理平台的大背景。

绝大部分数据治理平台是基于元模型驱动的，目的是构建一体化的数据资产管控系统，实现全流程、全生命周期和全景式的“三全”治理，确保每一份数据资产都处于可靠、可信、可用的状态。通过对数据、应用、系统三者的综合管理，构建标准化、流程化、自动化、一体化的数据管理体系。数据治理平台需要解决以下 3 个部分的需求。

- **数据汇聚，融合管理：**从内部系统、外部环境收集各类数据，形成平台的数据基础，并对汇集的原始数据开展基于数据管理视角和业务应用视角的治理及应用工作。
- **提炼抽象信息，形成知识：**基于业务需求引导和对数据资源信息的价值梳理，对数据进行进一步提炼，将数据标签化后，可通过标签中心对用户及开发者开放，进一步提升使用数据的效率。
- **构建应用，服务业务：**按照业务场景需求，将基础数据、主题数据和专题数据进一步组合，构建各类业务创新应用，如监控大屏、BI 报表、用户画像、预警中心等应用。通过数据治理平台，可以把数据作为资产按照标签化的形式共享给用户及开发者。

某企业数据治理平台功能架构如图 9-4 所示，在数据资源管理层，包含了数据标准管理、元数据管理，数据分级分类管理、数据资产管理；在数据加工处理层，包括了流数据处理、数据集成管理、数据架构管理、数据异常管理等。

2. 数据治理平台的功能设计

这里只介绍功能设计时应重点关注的内容，对于其他部分，这里不再提及，可参照本书其他章自行了解。

1）**数据标准管理：**通过对数据标准管理、落地实施机制及数据标准管理平台维护三部分进行数据资源管理，制定数据标准管理制度和流程，明确数据标准管理组织和职责。落地实施机制从规范推广、技术平台支撑两方面规划。数据标准平台维护工作主要包括建设数据标准技术平台、支撑数据标准日常管理工作两方面。

- **数据元管理：**支持数据元版本管理及版本之间的差异核对功能，支持基于基础库、主题库的元数据快速创建标准数据元，并建立和相关元数据的关联关系。
- **标准代码配置：**支持代码的分类，标准代码项的新增、导入、导出功能，提供标准代码维护能力。
- **常用规则配置：**通过固定的值组成规则来规范数据源值的格式，例如身份证、电话号码、电子邮箱等。

1. 子平台关系定位

2. 功能架构

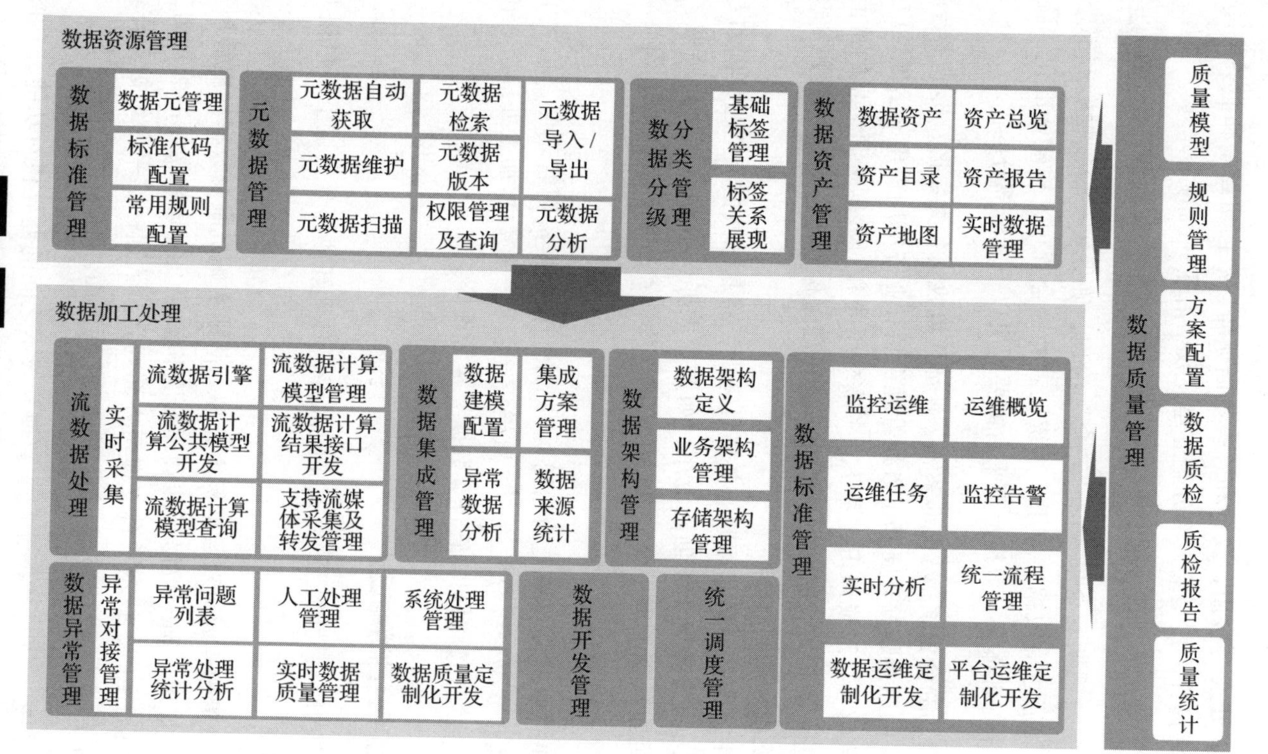

图 9-4 数据治理平台功能架构

2）**数据资产管理**：通过对数据资产的治理，让系统数据更加准确、一致、完整、安全，降低IT维护成本；针对数据资产应用使系统数据的使用过程更为人性、便捷、智能，从而提升管理决策水平。数据资产管理主要包括以下几个功能点。

- **数据资产**：资产管理主要是对数据资产类目编制过程进行梳理，明确不同角色职责，同时对数据表的元数据信息进行有效管理。
- **资产报告**：针对整体平台上的对应数据，描述全周期资产应用情况，赋能对总体数据资产情况的分析。
- **资产总览**：从数据规模、类目主题等多个角度，对数据资源的使用和共享情况进行全景式展现。
- **资产地图**：通过元数据信息收集、数据血缘技术探源、数据权限申请等手段，明确在数据资源平台数据开发过程中哪些数据可用、哪里可以找到相关数据，以提升数据资源的利用率。
- **实时数据管理**：提供针对实时数据的元数据管理功能，可结合元数据管理平台做链接。

3）**数据质量管理**：数据质量管理主要包括对数据完整性、准确性、及时性、一致性等进行分析和管理，并对数据进行跟踪、处理和解决，实现对数据质量的全程管理，提高数据的质量。所以，该部分必须能够提供质量规则配置、质量监控、问题处理等功能，及时发现并分析数据质量问题，这样可以快速解决数据质量问题。

- **规则管理**：质量检查规则是为用户提供的一种灵活而全面的数据质量分析方式，包括空值检查、值域检查、规范检查、逻辑检查、及时性检查、缺失记录检查、重复数据检查、引用完整性检查等，如图9-5所示。
- **方案配置**：可通过图形化界面配置多种质检规则并组成可执行的方案，依据执行规则管控平台自动执行质量规则检查。质量规则检查的执行支持按固定时间周期（如月、周、日）和事件触发，并且在控制台可以查看质检方案执行的历史记录，对数据质检全流程进行管控。

9.1.5　数据管理驾驶舱

在企业的数据分析项目中，“数据管理驾驶舱”是系统搭建过程中的重要一环。通过数据管理驾驶舱采集到的数据可以形象化、直观化、具体化，为企业做出业务相关决策提供支持。换句话说，数据管理驾驶舱提供的是一个管理过程，能够让数据更直观地呈现给用户。

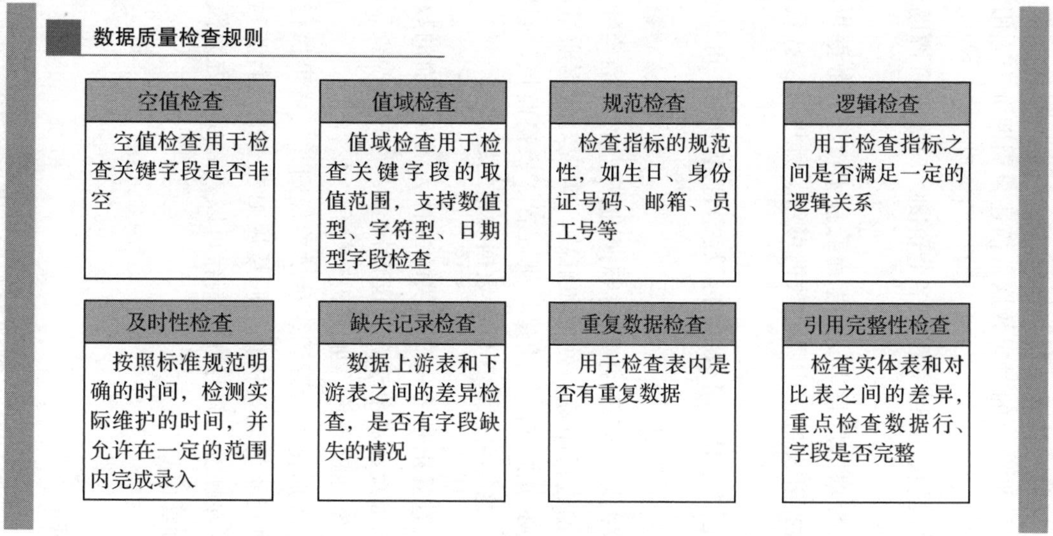

数据质量检查规则

空值检查	值域检查	规范检查	逻辑检查
空值检查用于检查关键字段是否非空	值域检查用于检查关键字段的取值范围，支持数值型、字符型、日期型字段检查	检查指标的规范性，如生日、身份证号码、邮箱、员工号等	用于检查指标之间是否满足一定的逻辑关系
及时性检查	**缺失记录检查**	**重复数据检查**	**引用完整性检查**
按照标准规范明确的时间，检测实际维护的时间，并允许在一定的范围内完成录入	数据上游表和下游表之间的差异检查，是否有字段缺失的情况	用于检查表内是否有重复数据	检查实体表和对比表之间的差异，重点检查数据行、字段是否完整

图 9-5 数据质量检查规则

数据管理驾驶舱的搭建主要由数据应用架构和数据可视化平台两部分构成。数据应用架构是指企业目前需要梳理的业务需求和数据应用，以清楚地了解哪些业务可以用数据进行分析，并将这些数据分析结果用“故事面板”的方式统一展示和管理。

要搭建数据管理驾驶舱，最重要的是全面分析企业业务组成，并根据不同的业务模块选择需要呈现的具体数据。最好使用树状或平行结构进行呈现。

因为手动方式效率较低，所以用户可以借助数据分析平台，实现定制化、自动化的数据管理驾驶舱搭建方式，从而大大降低人们的工作负荷。图 9-6 所示是某企业的数据管理驾驶舱，该大屏清晰地展示出各服务器数据传输的情况，可用于实时监控异常，预防数据风险。

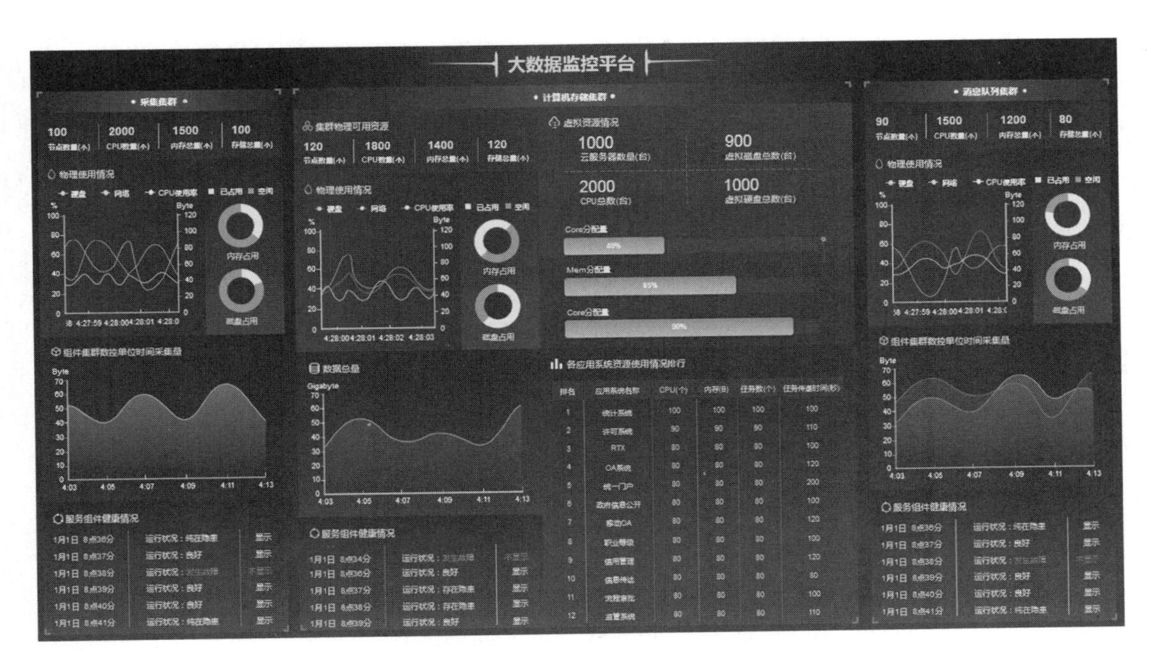

图 9-6　数据管理驾驶舱

9.2　数据相关平台建设路径

数据相关平台的建设无法一蹴而就，也就是说无论是全面铺开，还是以点到面的建设，都离不开一个完善、成熟的建设路径。接下来就从“需求分析及调研—开发及测试—上线试运行—项目验收—持续优化迭代”这 5 个部分进行描述。当然各个企业对应的各个项目上线情况都不一致，其中的细节可以视情况调整，但下面这5个步骤是必须完成的。

9.2.1 需求分析及调研

不管是公司安排的软件项目，还是合同项目，每当拿到一个新的项目，首先要做的事情就是根据现有的人力资源、技术能力、项目工期合理地制定项目管理计划。如果现有的人力资源或技术能力不能满足项目工期要求，则需要增加人员或提高人员的技术能力。

项目管理计划内容可多可少，主要以自己能够管控项目开发为原则。一般说来，项目管理计划包括项目组织架构、工作分解结构、进度管理计划、需求调研计划、配置管理计划、质量管理计划。进度管理计划将整个项目工作分解为不同的阶段，每个阶段的工作又分解为多个子工作，分解的子工作以1周内完成为宜。进度管理计划的第一个工作一般是需求调研，需求调研工作的主要任务是调查系统需求、绘制需求模型、编写需求规格说明书。

需求调研的基本步骤是调研系统需求、建立角色列表、建立系统需求模型、建立类图模型、建立界面模型、确认系统需求、完成需求规格说明书，如图9-7所示。

1）**调研系统需求**。调查系统需求的方法在前文已经详细讲过了。大部分的需求调研主要采用与用户面谈的方式，通过与用户面谈，找出系统的相关事件，并写出事件列表。

2）**建立角色列表**。归纳和抽象系统相关角色，要注意，角色不是指具体的人和事物，而是表示人或事物在系统中所扮演的角色。

3）**建立系统需求模型，描述了角色的行为及角色间的关系**。每个用例需要给出用例规约，用例规约描述了用例的名称、参与角色、与其他用例间的关系、前置条件、后置条件、操作流程、输入与输出数据项等内容。

4）**建立类图模型**。一般来说，前面分析的系统角色就是系统中的对象，也称为类。类图模型描述了类的名称、属性及行为，以及类与类之间的关系。

5）**建立界面模型**。需求阶段的界面模型只要给出原型就可以了，不需要考虑界面的美观性。需求界面模型可以使用PowerPoint、Axure RP等工具进行绘制。

6）**确认系统需求**。部署需求主要由网络环境、硬件环境、软件环境组成。

7）**完成需求规格说明书**。需求调研的成果物除了需求规格说明书外，还有需求跟踪矩阵。编写需求跟踪矩阵的主要目的是有效跟踪项目需求变更和需求实现，做到在需求和项目之间维护双向可跟踪性。跟踪需求是因为在系统研发期间，需求会由于各种各样的原因发生变更，因此有效地管理这些需求和需求变更是很重要的，我们有必要去了解每个需求的来源以及需求变更对系统的影响。

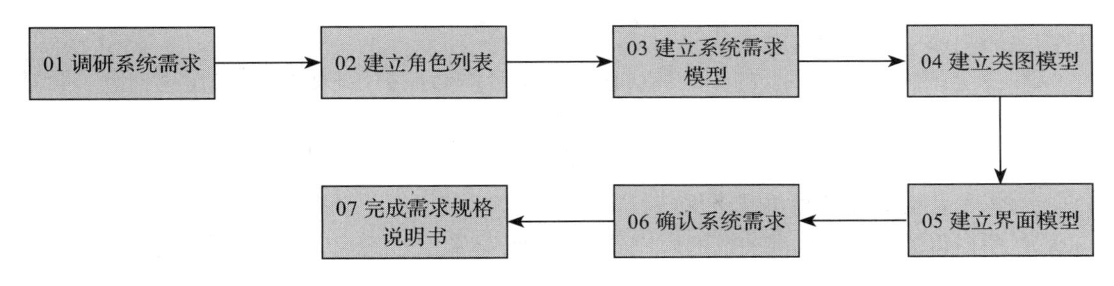

图 9-7　需求调研基本过程与步骤

9.2.2　开发及测试

数据平台的开发及测试是一个广泛的领域，包括了多个层面的技术和工作。下面详细介绍平台开发及测试的工作。

1. 平台开发

平台开发涉及如下几个方面。

- **系统架构设计和开发。**在系统架构设计和开发阶段，需要考虑系统的可扩展性、可维护性、性能等方面的问题，选择合适的架构和技术，进行系统的设计和实现。
- **数据库设计和开发。**平台建设涉及数据存储和管理，因此需要进行数据库的设计和开发。这个过程包括了数据库的结构设计、数据的存储和管理、数据的备份和恢复等工作。
- **前端和后端开发。**平台建设包括前端和后端的开发，前端负责页面的展示和交互，后端负责数据的处理和管理。前端开发需要考虑用户的交互体验，后端开发需要考虑数据的处理和存储效率。
- **测试。**在平台建设过程中，需要进行各种测试，包括单元测试、功能测试、性能测试等。测试的目的是保证平台的质量和稳定性。
- **部署和维护。**在平台建设过程中，需要进行部署和维护，确保平台的正常运行。部署过程需要考虑服务器环境和配置，维护过程需要考虑系统的可靠性和安全性。

2. 平台测试

平台测试的目的是确保平台的功能和性能能够满足用户的需求。以下是平台测试的主要内容。

- **功能测试：**验证平台的功能是否按照需求规格说明书进行了实现，包括对平台各种功能、特性和流程的测试，以确保其正确性和一致性。
- **兼容性测试：**测试平台在各种浏览器、操作系统和设备上的兼容性，这样可以确保用户能够在任何设备上获得一致的用户体验。

- **安全测试**：测试平台的安全性，以确保平台能够保护用户的隐私和敏感信息，包括测试平台是否能够防御攻击，保护数据完整性和保密性。
- **性能测试**：测试平台在不同负载、不同并发和网络瓶颈等方面的性能。这样可以确保平台能够在各种负载下保持稳定和高效。
- **用户体验测试**：测试平台的用户界面和用户体验，以确保平台的易用性和可操作性，包括测试平台的布局、导航、可访问性和响应速度等。
- **集成测试**：测试平台与其他系统或应用程序之间的集成情况，以确保平台能够与外部系统无缝协作。

对上述这些测试内容的选择和应用，取决于平台的需求、规格和预期用户。通过综合应用这些测试内容，可以确保平台建设的高质量和可靠性。

当然，开发及测试对应角色的权责及工作内容也不一样，具体如下。

- **产品 / 研发经理**：建立数据相关需求，对需求进行立项评审。
- **开发人员**：理解需求，参与立项评审，进行研发排期和研发设计，参与技术方案评审，进行开发，自测，提交测试，修改程序漏洞。
- **测试角色**：需求理解 / 参加评审、测试排期、参加技术评审、编写测试计划、编写并评审测试用例、功能 / 接口测试、修改程序漏洞，验证程序漏洞版本管理、修改程序漏洞，（版本稳定）分支回归测试。
- **代码审查**：合并主程序，进行主程序回归，以及上线申请、发布（遵守发布流程）、灰度测试。

9.2.3 上线试运行

数据相关平台完成开发测试后，最关键的一步便是上线试运行。一般的大型企业拥有海量的历史数据以及各类复杂的业务场景，需要通过上线试运行来保障全面产品上线后的成功率。数据平台上线试运行前后需要完成以下事项。

1）**制定周全上线计划**。数据平台上线往往是全局工作，合理规划是必不可少的重要环节。如果业务过于复杂，且组织架构难以从上至下进行推广，那么公司一般都会制定一套实施计划，包括一期、二期等，而且非常详细。但是，很多公司在执行过程中往往会偏离计划，甚至到最后直接抛弃最初制定的计划。总结原因如下。

- 计划太理论化、理想化。制定计划者没有考虑系统本身的性能及公司业务的实际情况，制定的计划不具有实际操作性。

- 每期计划都很详细，而且关联度非常高，在实施一期计划的过程中，可能因为业务发生变化或其他原因，导致计划改变，造成后续计划没办法实施。
- 实施时间过长，中途更换了项目负责人，前后主导者观点不一致，导致原计划被废弃。

因此，必须结合系统性能和实际业务状况，在各层面业务骨干、IT技术人员、外部实施顾问的共同参与下，制定实际可行的系统上线实施计划，最好中途不要更换主导者。另外，要像制定滚动预算一样，一期计划可以详细制定，后续计划尽量是方向性的、概括性的，以便于落地实施。

2）**验证数据质量**。在数据平台上线试运行之前，需要确保初始化后的数据的质量和准确性。数据质量问题会影响数据的分析结果和业务决策，可以通过验证数据源、数据类型和数据格式来验证数据的质量。

3）**配置和优化系统**。需要对数据平台进行配置和优化，以确保其性能和稳定性，包括调整系统参数、缓存设置、网络带宽等。

4）**安全测试**。在数据平台上线试运行之前，需要进行安全测试以确保其能够保护数据的安全性和隐私性，这包括测试系统的安全策略、访问控制策略和漏洞等。

5）**确定上线试运行的目标和指标**。在上线试运行之前，需要根据业务需求和数据平台的特性定义明确的目标和指标，以便跟踪数据平台的性能和效果。

6）**测试和验证**。在数据平台上线试运行之前，需要进行测试和验证以确保数据平台的功能和性能可满足用户需求，包括功能测试、性能测试和兼容性测试等。

7）**监测和维护**。在数据平台上线试运行后，需要进行持续监测和维护，以确保其性能和稳定性，包括监控系统日志、定期更新软件和维护数据库等。

8）**用户反馈**。在试运行期间，需要与实际用户进行交流，收集用户反馈并及时解决问题，以提高用户体验。

9）**切忌中途换项目负责人**。很多公司在项目实施过程中，可能因为一些原因更换项目负责人，由于每个人的思路不同，这可能会造成后续步调不协调，导致上线失败。

10）**贯彻执行**。一旦方案定下来就要坚决贯彻执行，切忌半途而废或者打折扣地执行。如果在一个环节执行过程中打折扣，会导致其他环节出现问题，最后导致系统上线失败。

11）**做好系统上线的思想宣传工作**。强化员工的参与意识，引发高层领导重视，充分发挥中层人员的推动作用。在员工层面系统上线受到阻碍将是很危险的。让员工明白上系统的目的是提升管理能力。员工需要摒弃部门本位思想，站在公司的层面来看待系统上线。

12）**文档和培训**。对数据平台进行文档化，包括用户手册、操作指南等，以便用户了解平台的使用方法。同时培训用户使用数据平台的技能和知识。

13）**确保公司制度健全**。特别是一些和系统运行关系密切的流程和制度必须健全，而且能够在公司范围内不折不扣地贯彻执行。只有有强大而合理的制度作保障，才能保障系统上线顺利。而且制度和流程的制定必须权责分明，不能含糊不清，造成执行过程中相互推诿。例如，数据的录入与数据的管理、数据的使用这三者的权责，都需要定义清楚。需要录入数据的部门，希望录入效率高甚至实现自动化；需要管理数据的部门，希望数据流向清晰可见；需要使用数据的部门，希望数据质量高。如果没有制度去保障，这三者就可能矛盾不断。

14）**制定配套的考核制度。**没有考核制度做后盾，上面几点都不会真正落地。不过强调一点，考核不是惩罚，而是要做到赏罚分明。

完成上述步骤，可以确保数据平台的高质量和可靠性，为实现业务目标提供强有力的支持。

9.2.4 开展项目验收

项目验收就是对当前项目交付的最终检查。数据相关平台最重要的验收成果就是数据，如果数据无法保障质量，平台无法提供便捷性，功能不符合客户需求，那么验收工作很可能受阻。

1. 项目验收的流程

项目验收流程包括程序员自测、冒烟测试、测试完成、产品验收这几个部分。

- **程序员自测：**程序员自测就是程序员去测试自己所写模块是否与产品对该模块所提的需求完全匹配。程序员进行自测是对自己所写模块的进一步检查，这样可以使程序员对该模块的逻辑更加明确，同时加深对于该模块的记忆，最大程度确保每个模块实现程序的正确性。
- **冒烟测试：**冒烟测试是对已经完成的全部模块进行流程性检测，确认目前完成的系统是否可以确保按照产品的全部逻辑跑完基本流程。冒烟测试主要是提高测试人员对产品流程的熟悉度，让测试人员可以进行详细的测试准备工作，也是该系统是否可以进入详细测试的一个重要依据，同时也会验证在此流程中是否有一些设计缺陷需要进行弥补。
- **测试完成：**测试完成是针对所有测试环节来说的，是测试人员对系统整体进行测试并得到一个结论，这个结论要确认目前系统的功能、性能是否完全符合产品提出的需求。进行测试的主要原因是对当前系统的全部流程进行回归，和判断该系统是否存在缺陷。测试完成后，该系统就可以进行下一步的验收了。
- **产品验收：**产品验收是产品经理在项目交付前检验需求与程序开发是否统一的过程。产品经理进行验收是对整体系统流程的把关，也是对当前系统做的完整检查，在验收过程中需要综合 UI 验证以及测试结果来确认在产品经理验收后是否可以交付该系统。

2. 在项目验收中遇到问题

项目验收成功意味着阶段性的胜利。但是绝大部分项目在验收过程中都会或多或少出现问题，这是一个非常正常的情况。那么遇到这种情况，我们应该如何进行调整？

产品开发完成后发现与需求不一致，这可能是由多种原因造成的，比如沟通不充分或者产品规则不完善等。

如果没有充分沟通，但目前做的产品比之前规划的产品功能更完善，那么可以直接把当前规则补充到细则上，不需要修改。如果目前产品做得并不尽如人意，可以根据交付时间酌情修改，确保能够按期交付。

如果产品规则没有明确，导致开发人员按照自己的理解进行功能设计，导致最终的产品与产品规则不相符，可以在经过沟通后进行相应规则调整。在不影响产品原有设计规则的基础上，与当前代码进行适配，将时间成本降至最低。

如果开发人员按照自己的理解进行了功能设计，但是得到的产品与之前的规则没有太大偏差，那么可以在此基础上进行更加明确的规则细化，确保后续开发人员能够理解规则并按照规则进行开发。

3. 验收后出现问题

项目验收后，可能会出现如下问题。

1）**需求方想要新增需求**。在项目已经验收成功的情况下，所有新增功能都是属于新需求，既然是新需求，就需要提交新的需求方案，并规划到下期项目中。

2）**需求方发现程序漏洞**。在使用系统的过程中发现存在程序漏洞，及时修正是最好的解决办法。

9.2.5　持续优化迭代

如果说数据相关平台从 0 到 1 的建设过程是开拓新领域的过程，那么从 1 到 N 的过程则是提高用户体验和满意度的过程。实际上，产品从 0 到 1 并不难，只要在前期花费时间梳理业务需求，就能相对容易地推出第一版。但真正考验产品经理的是在第一版上线后持续不断地完善和优化迭代产品的过程，因为好的产品都需要经过多次迭代和打磨才能推出。

对于数据产品经理来说，产品优化迭代才是考验他们持续输出价值的时候。接下来，我们将系统地讲解产品优化迭代的 3 个方面。

1. 核心业务流程

核心业务流程指产品的主要业务线，涵盖了用户从开始操作到完成目标所经历的一系列节点。这个流程的简洁与烦琐、布局与设计将直接影响产品的转化率。一个好的产品一定是简洁易用的（无论是 B 端还是 C 端产品），这关系到业务是否能够快速、顺利地展开。可以从以下几个方面来优化 / 规划业务流程。

1）**减少业务流程的冗余，缩短操作路径**。在实际工作中，许多产品的业务流程存在信息冗余现象。例如，某字段已经在之前录入过，但是在另一个界面还需要重新录入。这意味着用户需要在已完成的操作中重复进行一些步骤，导致用户对产品不满。

因此，在产品设计之初就应考虑到流程冗余或过长可能带来的影响：增加用户的学习成本；消耗用户过多的精力，在操作过程中导致用户焦虑和烦躁，并可能增加出错的概率。

2）**减少用户操作的步骤**。如果系统可以自动识别和填充某些信息，则不应让用户手动操作。用户通常是比较懒惰的。此外，只要涉及手动操作，就可能出现操作错误。如果连续出错，用户就会产生一种挫败感，从而降低产品的用户体验。例如，用户会认为，如果可以通过计算得出某些信息，为什么还要让我手动录入呢？

因此，核心业务流程只应涉及用户必须手动操作的核心内容，以便让用户轻松完成目标和任务。

2. 业务流程的合理规划

合理规划业务流程意味着对需要操作的步骤和内容进行分类。不同的类别可以归为一组、一个卡片模块或一页。用户完成一页或一个模块的操作时，会产生一种“成就感”，因此应逐步引导用户，使其轻松完成整个业务流程。

3. 功能交互

功能交互也是体现产品成熟度的重要方面，一个好的数据产品，在界面呈现、功能交互方面一定是非常成熟、合理、让人舒服的。

- **统一页面交互**。在一个应用中尽量使用统一的页面交互，包括但不限于页面的入场、转场、退出、弹框提示、下拉选择、输入、按钮单击状态等。统一页面交互能够降低用户的学习成本。

- **减少页面跳转**。适当减少页面的跳转，如果用户在操作一个功能时，页面层级很深（5～8 个页面），那么这个操作的用户体验必定很差；如果操作很少，提示或者确认用弹框展现，这样做不仅会降低开发成本，还会减少页面的跳转。
- **建立容错机制**。因为用户不是产品经理，所以用户不可能 100% 理解设计产品的逻辑。对于用户因不理解或者误操作导致的错误，系统要及时给予帮助，比如友好地提示接下来该怎么办等，这样你的应用就有了温度，可提升用户体验。
- **建立防错机制**。用户在操作过程中不可避免地会出现一些错误，如果在设计之初建立防错机制，就能有效避免这些错误。比如用选择或系统识别代替输入，通过第三方 OCR 扫描识别身份证和银行卡号等。

产品除了因自身要迭代外，随着企业不断发展，科技手段层出不穷，各种各样的外部需求也会倒逼产品不断地进行优化提升，这也是数据产品不断更新迭代的驱动力。

9.3 本章小结

本章重点介绍了数据相关平台，包括元数据管理平台、主数据管理平台、数据仓库、数据治理平台、数据管理驾驶舱。这些数据平台都与数据血缘息息相关，或者说都需要应用数据血缘技术。

- 元数据管理平台针对元数据进行管理，有利于数据血缘的梳理，同时，利用数据血缘技术能更好地管理数据。
- 主数据管理平台针对主数据进行管理，数据血缘能够及时监控主数据在下游系统能否有效地进行共享应用。
- 数据仓库对于数据质量的要求，需要通过数据血缘技术进行检验，同时在构建数据仓库的过程中，数据血缘可帮助梳理整个企业的数据脉络。
- 数据治理平台是近些年来各大企业所推崇的数据管理平台，重点是提高数据质量。
- 数据管理驾驶舱大部分是面向业务及领导的 BI 看板，虽然有炫酷的数据呈现方式，但依然离不开数据血缘技术对数据脉络、数据追溯功能的支撑。

另外本章还针对上述数据平台的建设路径进行了介绍，我们针对这些数据平台的构建，需要整体把控以下 5 个环节——需求分析及调研、开发及测试、上线试运行、项目验收、持续优化迭代。项目管理的好坏直接决定了数据平台的建设是否成功，由于数据平台的建设拥有一些特殊性，例如有清理数据、制定数据标准、导入新数据等前置工作，所以更应该重视在数据平台建设实施过程中，对于项目管控水平的提升。

案例篇

现代管理学之父彼得·德鲁克曾经说过：当今企业之间的竞争，不是产品之间的竞争，而是商业模式之间的竞争。

在过去几年的时间里，国际环境的不确定性日益加强。如何在不确定性的环境中保持竞争力，不断迭代优化商业模式？这是企业目前面临的一个共性问题。

过往，绝大部分企业都在进行信息化建设，主要目的是规范管理、优化流程、提升效率，在人掌控的决策和执行范围内，使管理能力得到提升。最直接的体现就是，以流程驱动企业管理。相比人和职能驱动，流程驱动有着显著的先进性。但是如果面临各种不确定性的环境、不确定性的需求、不确定性的经营风险，固化流程的方式很难做到“大象华丽地转身”，也就是我们所说的商业模式创新变革。

如果把企业的经营比作在一条高速公路上行驶的汽车，过去信息化的很大一部分工作充当着“后视镜”的作用。我们沉淀数据，是为了分析数据并做出决策，但绝大部分决策还是依靠人的经验做出的，数据只起到支撑辅助作用。现在的业务现状、竞争格局、客户需求，无时无刻不在发生变化，过去的流程驱动方式显然已不再适用。对于数字化转型，企业要针对数据做什么？要围绕数据血缘做什么？这可以从成功企业的做法中找到方向。

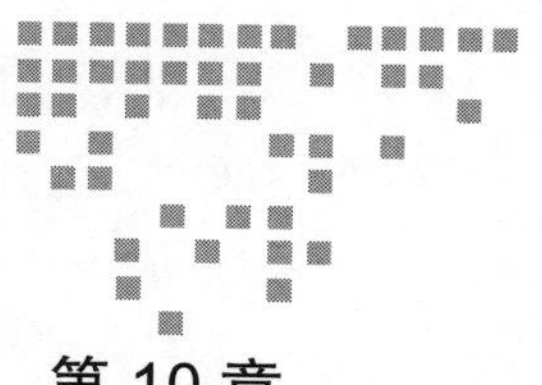

Chapter 10 第 10 章

互联网行业：字节跳动的数据血缘建设案例

互联网行业是当下数字化程度最高的行业，无论是企业内部产生的业务数据、指标数据，还是从外部获取的用于各项分析的参考数据，对于互联网行业而言都是一笔可观的核心资产。所以很多互联网大厂建立起来的数据治理体系会更加完善。数据血缘技术在互联网行业中应用场景也很多，举例如下。

- **广告投放优化**：互联网广告投放需要根据用户行为和兴趣来定位和优化广告，而数据血缘技术通过追踪和记录用户数据的来源和流转过程，可以分析用户的兴趣和行为，从而优化广告投放效果。
- **电商推荐系统**：电商平台需要根据用户的历史行为和兴趣来推荐商品，而数据血缘技术通过追踪和记录用户历史数据的来源和流转过程，可以建立用户画像和推荐模型，从而提高电商推荐系统的准确性和效率。
- **用户行为分析**：互联网企业需要分析用户行为，从而优化产品和服务，而数据血缘技术通过追踪和记录用户行为数据的来源和流转过程，可以分析用户需求和行为，从而优化产品和服务。
- **数据治理和合规**：互联网企业需要遵守法律法规，满足数据保护要求，对数据进行管理和监管，而数据血缘技术通过追踪和记录用户行为数据的来源和流转过程，实现数据治理和数据合规。
- **金融风控**：互联网金融企业需要实现风险控制和反欺诈，而数据血缘技术通过追踪和记录用户行为数据的来源和流转过程，可以建立风险模型和反欺诈模型，从而提高风控效果。

综上所述，数据血缘技术在互联网行业中具有广泛的应用，可以帮助企业更好地理解和管理数据，并提高产品和服务的准确性、效率和合规性。下面就以字节跳动为例介绍数据血缘建设在互联网行业的落地方法。

10.1　数据血缘建设背景

字节跳动旗下的产品有抖音、今日头条、西瓜视频、火山小视频、懂车帝、悟空问答等，涵盖资讯、视频、教育、社交等多个领域，其中，抖音的全球日活量在 2022 年已经超过了 7 亿，撑起了字节跳动的半壁江山。

正因为字节跳动有如此多的产品，所以涉及的用户信息以及数据应用和分析都比较复杂，这对数据管理提出了更高的要求。接下来我们从字节跳动的数据全链路开始，着重介绍数据血缘的采集方法、数据血缘的关键指标，以及数据血缘的未来趋势。

10.2　数据血缘构建解析

10.2.1　数据血缘采集

字节跳动的数据源分为如下两种。

- **埋点数据：**指在 App 和 Web 端通过埋点对特点动作或者事务进行捕捉产生的数据，通过 Log Service（日志服务）收集数据，数据最终存入 MQ，数据在 MQ 之间会进行分流并做格式转换和流量拆分等。
- **业务数据：**指 App、Web 端和第三方服务进行的业务操作产生的数据，这些数据通过各种服务，最终落入 RDS，并通过 Binlog 的形式汇入 MQ。

离线数仓以 Hive 为中心，对数据进行批处理，时效性低，故常用于离线分析。实时数仓以 MQ 为中心，对数据进行流处理，时效性高，故常用于实时分析。通过对数据血缘链路和使用场景的探讨，能够总结出数据血缘整体设计时需要思考的一个关键点：可扩展性。在整条数据链路中，用到的各种存储有几十种，细分的工作类型也有几十种，所以数据血缘必须能够灵敏地应对各种存储和工作类型。字节跳动的数据血缘整体架构能够分为 3 个部分：

- 数据接入：从各类管理系统中获取数据信息。
- 血缘解析：通过解析工作中的数据信息，获取数据血缘。
- 数据导出：将数据血缘存储到 Data Catalog 中，并供决策分析使用。

10.2.2 数据血缘的关键指标

在推广数据血缘时，最常被用户问到的问题：血缘品质怎么样？我们能不能用？针对这些问题，可梳理出 3 个关键指标——准确率、完整率和及时率，对这 3 个指标的监控尤为重要，如图 10-1 所示。

血缘目标系统	综合排名	综合得分	准确率 50%	完整率 30%	及时率 20%
客户系统	1	92	90	100	85
订单系统	2	91	88	100	85
SRM 系统	3	87.5	88	85	90
营销系统	4	87	88	90	80
财务系统	5	85.8	84	86	90
采购系统	6	78.5	85	60	90

图 10-1　血缘目标系统关键指标

1. 准确率

假如血缘系统输出的分析结果和上下游系统的实际情况相符，既不缺失也不多余，则认为这个血缘分析结果是准确的，血缘准确的工作占全量工作的比例即为准确率。

准确率是用户最关注的指标，因为血缘的缺失有可能造成重要工作没有被发现或被统计，进而引发线上事故。不同类型的工作，对血缘解析的逻辑不同，计算准确率的逻辑也有区别，举例如下。

- **SQL 类工作**：比如 HiveSQL 和 FlinkSQL 工作，血缘来源于 SQL 解析，这类工作的血缘准确率实际上就是 SQL 解析的成功率。
- **数据集成（DTS）类工作**：比如从 MySQL 到 Hive 这类通道集成工作，血缘来源于对用户配置上下游映射关系的解析，这类血缘的准确率就是工作配置解析的成功率。
- **脚本类工作**：比如 Shell、Python 等，血缘来源于用户工作产出，这类血缘的准确率就是脚本数据执行结果正确的工作占总工作的比例。

值得注意的是，计算以上介绍的准确率时，有一个前提假设，即程序依照假设的形式运行，但往往实际状况并不一定总是这样。**作为准确率的补充，字节跳动在实践中通过以下 3 种路径来及时发现有问题的血缘。**

- **人工校验**：通过结构测试用例来验证血缘的准确性。在实际操作中，字节跳动会从线上运行的工作中采样出一部分，进行人工校验解析，判断结果是否正确，必要的时候会忽略输入，继续进行后续的校验。

- **埋点数据验证**：通过清洗埋点数据，能够剖析出局部场景的血缘链路，以此来校验程序中血缘产出的准确性。例如，MySQL 的埋点数据能够用来校验很多 Spark 相关链路的血缘产出准确率。
- **用户反馈**：对全量血缘汇合的准确性进行验证是一个工作量巨大的过程，然而具体到某个用户的某个业务场景，问题就简单多了。在实际操作中，字节跳动会与一些业务方进行深刻沟通交流，与用户一起校验血缘准确性，并修复发现的问题。

2. 完整率

当有一条血缘链路与数据资产相关联时，则称数据资产被血缘覆盖到了。被血缘覆盖到的资产占关注资产的比例为血缘完整率（又称覆盖率）。血缘覆盖率是比较粗放的粒度指标。作为准确率的补充，用户通过覆盖率能够了解相关的数据资产类型和工作类型。

以 Hive 表为例，字节跳动生产环境的 Hive 表多达几十万个，其中有很大一部分是长期不会被应用与关注的。计算血缘覆盖率时，会依据规定圈选出其中部分信息，例如过去七天写入的数据，在此基础上，计算血缘覆盖率。

血缘覆盖率低，通常说明漏掉了某种工作类型或者圈选的数据资产范畴不合理，需要重新进行选择。

3. 及时率

从产生数据到收集数据，再到将最终血缘分析结果存储到系统，会存在端到端的延时，表征这种延时长短的指标即血缘的及时性，满足及时性要求的血缘占全部血缘的比例就是及时率。

对于一些用户场景来说，血缘的及时率并没有那么重要，然而有一些场景是对此有强要求。不同工作类型的及时率会有差别。如果是针对数据开发的应用场景，对血缘及时率要求很高。

然而，突破及时率的瓶颈，通常不取决于血缘的服务方，而是取决于工作管理系统是否能够及时将尽可能多的工作相关的数据发送进去，这也是解决血缘质量的关键。

10.3　数据血缘的未来趋势

字节跳动数据血缘的未来趋势集中在以下 3 个方向。

- **继续提高血缘的准确性**。虽然目前字节跳动将血缘的准确性提升到了可用的程度，但仍然需要人工进行校验与修复。如何继续稳固准确性，并尽可能通过自动化手段实现，是未来发展的重要方向。

- **进行血缘标准化建设**。实现标准化后，有利于血缘的场景拓展和用例复用，可巩固数据血缘系统的使用频率以及相关规范。
- **增强对外部生态的链接**。这可以细分为两个方向，一是摸索通用的 SQL 类血缘解析引擎，进一步提高解析的效率；二是选择开源或私有云上的端到端血缘系统，进一步拓展相关业务场景以及和生态伙伴的合作。

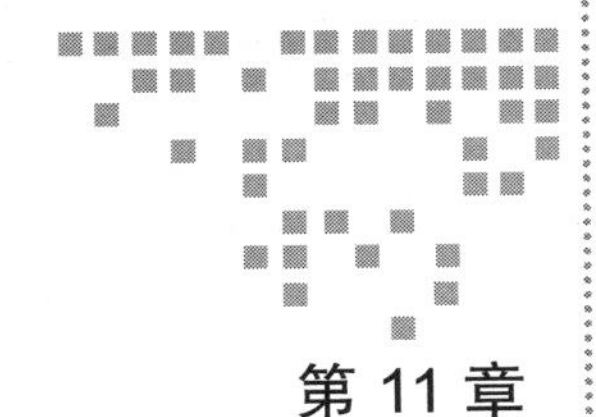

第 11 章 Chapter 11

服务行业：四大全球知名企业的数据实践

服务行业是数据密集型行业，近年来服务行业的企业具备的数字化能力中，收集和分析数据的能力变得越来越重要。为了获得竞争优势，很多公司在使用数据治理中的数据血缘工具来管理和分析他们的数据。在本章中，我们将探讨一些在数据治理中成功应用数据血缘工具的全球服务行业公司的实例。

11.1 民宿短租公寓预订平台 Airbnb

Airbnb 是一个帮人们将自己的房产出租给旅行者的在线平台。Airbnb 利用数据优化运营，提供更好的客户体验。Airbnb 收集了大量关于房东、客人和房产的数据，用于改善服务并做出更好的商业决策。为了管理和分析数据，Airbnb 开发了一个名为 Aerosolve 的数据关联工具。

Aerosolve 是一个机器学习平台，可以让 Airbnb 大规模构建、部署和管理机器学习模型。该平台为服务业开发和部署分析解决方案提供了可扩展且灵活的基础设施。Airbnb 使用 Aerosolve 优化运营、改善客户体验并增加收入。

Airbnb 使用的另一个数据关联工具是 Apache Spark（以下简称为 Spark）平台，这是一个分布式计算平台，允许跨计算机集群处理大型数据集。Spark 为处理和分析服务行业中的数据提供了可扩展的灵活基础设施。Airbnb 使用 Spark 来处理和分析其庞大的数据集，提供对其运营的实时洞察。

11.2 电子商务平台 Amazon

Amazon 是一家电子商务公司，通过数据优化运营，提供更好的客户体验。Amazon 收集了大量关于客户、产品和交易的数据，用于改进服务并做出更好的商业决策。为了管理和分析数据，亚马逊开发了一个名为“亚马逊网络服务（AWS）”的数据关联工具。

Amazon 是最早开始使用数据血缘工具的公司之一。Amazon 使用的数据血缘工具称为 Amazon Glue。Amazon Glue 是一种自动化的数据血缘工具，可以自动发现和记录数据源和目标之间的关系，并在数据转换和清理过程中跟踪数据的流动。此外，Amazon Glue 还可以帮助企业自动发现和纠正数据质量问题，提高数据处理的效率和质量。

Amazon 使用的另一个数据关联工具是 Apache Kafka 平台，这是一个分布式流媒体平台，允许处理实时数据流。Kafka 为处理和分析服务行业的实时数据提供了一个可扩展的、灵活的基础设施。亚马逊使用 Kafka 来处理和分析实时数据流，提供对运营的实时洞察。

Amazon 推出 Amazon Security Lake 服务，该服务可以自动将企业在亚马逊云科技上、SaaS 服务上、本地数据中心和其他云端的安全数据集中到专门构建的数据湖，通过高效的数据血缘分析，方便客户针对安全数据做出快速行动，并简化混合云及多云环境中的数据安全管理。

11.3 会员订阅制的流媒体播放平台 Netflix

Netflix 是一家流媒体服务公司，利用数据优化运营，提供更好的客户体验。Netflix 收集了大量关于用户观看习惯和内容的数据，用于改善服务并做出更好的商业决策。为了管理和分析其数据，Netflix 开发了一个名为 Atlas 的数据关联工具。

Atlas 是一个基于云的数据管理平台，允许 Netflix 管理和分析其庞大的数据集。该平台为服务行业的数据处理和分析提供了可扩展的灵活基础设施。Netflix 使用 Atlas 来处理和分析数据，从而深入了解客户的观看习惯、内容偏好和运营效率。

Netflix 使用的另一个数据关联工具是 Apache Cassandra（以下简称为 Cassandra）平台，这是一个分布式数据库管理系统，允许跨计算机集群存储和处理大量数据集。Cassandra 为处理和分析服务行业中的数据提供了可扩展的灵活基础设施。Netflix 使用 Cassandra 存储和处理其庞大的数据集，提供对运营的实时洞察。

11.4　叫车服务公司 Uber

Uber 是一家叫车服务公司，利用数据优化运营，提供更好的客户体验。优步收集了大量关于客户、司机和车辆的数据，用来改善服务，做出更好的商业决策。为了管理和分析数据，Uber 开发了一个名为“米开朗琪罗”的数据关联工具。

米开朗琪罗是一个机器学习平台，允许 Uber 大规模构建、部署和管理机器学习模型。该平台为服务业开发和部署分析解决方案提供了可扩展且灵活的基础设施。Uber 利用米开朗琪罗帮助企业运营客户，改善客户体验，并增加收入。

Uber 使用的另一个数据关联工具是 Apache Hadoop（以下简称为 Hadoop）平台，这是一个分布式计算平台，支持数据血缘计算，允许跨计算机集群存储和处理大型数据集。Hadoop 为服务行业中的数据处理和分析提供了可伸缩的灵活基础设施。Uber 使用 Hadoop 来处理和分析其庞大的数据集，提供对运营的实时洞察。

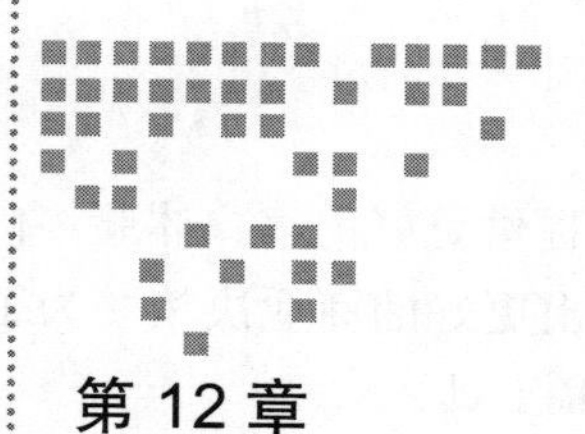

Chapter 12 第12章

制造行业：全球知名企业的数据实践

当前，智能制造装备已初步形成以高档数控机床、基础制造装备、自动化生产线、智能检测与装配装备、智能控制系统、工业机器人等为代表的产业体系，在国内外战略不断落实，以及5G、物联网等新兴技术创新发展背景下，制造行业的发展趋势愈加清晰。

制造行业一直是数据密集型行业，近年来收集和分析数据的能力变得越来越重要。为了获得竞争优势，企业一直在数据治理中使用数据血缘工具来管理和分析数据。在本文中，我们将探讨制造行业中，成功应用血缘工具在数据治理中的几个公司示例。

12.1 百年企业通用电气

通用电气（GE）是一家跨国综合型企业，业务涉及航空、医疗保健和能源等多个行业。通用电气一直处于制造行业数据分析的前沿，开发先进的分析解决方案来改善运营并提供更好的客户体验。2017年，通用电气启动了一项名为“辉煌制造”的计划，该计划利用工业物联网（IIoT）的力量来优化制造流程。

为了实现其目标，通用电气开发了一种名为“数字线程”的数据血缘工具。数字线程是一个软件平台，可集成整个制造过程中不同来源的数据，并基于此提供对生产运营的实时可见。该平台使整个企业在全世界范围内都能够实时地收集、分析和处理业务数据，这有助于提高公司的制造效率，减少停机时间并提高产品质量。

通用电气使用的另一个数据血缘工具是Predix平台，这是一个基于云的平台，用于开发和部署工业应用程序。Predix 为在制造业中开发和部署分析解决方案提供了安全、可扩展且灵活的基础架构。通用电气使用 Predix 开发和部署应用程序，帮助优化制造运营流程，监控设备运行状况并提高产品质量。

12.2 “欧洲工业之母”西门子

西门子是一家全球性技术企业。近年来，西门子一直在数据分析方面投入巨资，开发先进的分析解决方案，以改善其制造流程并提供更好的客户体验。2017 年，西门子提出名为“数字化企业”的倡议，利用数字技术来优化其制造运营流程。

为了实现其目标，西门子开发了一种名为“西门子数字孪生”的数据血缘工具。西门子数字孪生是一个软件平台，该平台可创建物理产品或过程的虚拟副本，从而实现实时分析和优化。该平台使西门子能够模拟和测试制造流程，在问题发生之前识别和解决问题，并提高产品质量。

西门子使用的另一个数据血缘工具是 Mindsphere 平台，这是一个基于云的平台，用于开发和部署工业应用。Mindsphere 为在制造业中开发和部署分析解决方案提供了安全、可扩展且灵活的基础架构。西门子使用 Mindsphere 开发和部署应用程序，帮助优化制造运营流程，监控设备运行状况并提高产品质量。

跨国制造商福特汽车公司、重型机械领域的大型企业卡特彼勒公司与西门子的情况类似，这里不再赘述。总之，数据血缘工具在全球制造业中变得越来越重要，公司使用它们来管理和分析数据。通用电气、西门子、福特汽车公司和卡特彼勒公司是在数据治理中成功应用数据血缘工具以改善其制造流程并提供更好的客户体验的典范。随着数字技术的不断发展，数据分析有望在制造行业中发挥更大的作用，越来越多的公司将利用数据血缘工具来获得竞争优势。

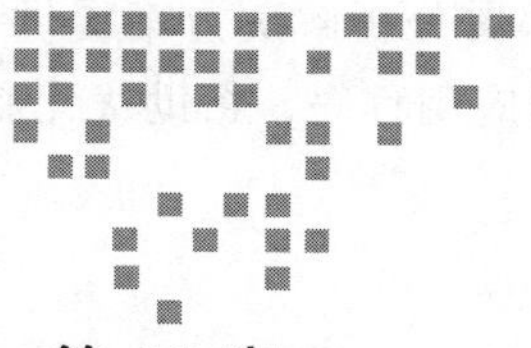

Chapter 13 第 13 章

零售快消行业：全球知名企业的数据实践

随着互联网技术应用的不断深入，零售快消行业的线上业务的增长速度与占比快速上升，这种趋势加速了清理、过滤市场竞争者的进程。在这样的环境下，零售快消行业的头部企业纷纷积极采取数字化转型等战略，以获得可持续的竞争优势。

- **传统零售向新零售演进，数字化应用不断升级。**商务式零售时代的到来，电商平台涌现，开启多渠道运营。新零售时代，零售业向全渠道化发展，企业更重视渠道的融合和消费者体验。数字化进程将贯穿零售发展之路。
- **从对线上渠道的探索，到通过数字化对线上、线下渠道进行融合赋能。**基于大数据技术，数字化持续赋能零售业全渠道，线下渠道向智能化转型，线上渠道在便捷性及个性化推荐方面优势显著，预计未来在数字化的驱动下，线上、线下渠道将进一步融合。
- **新零售时代用户为王，"人"的数字化备受关注。**从以产品为王、流量为王发展到以用户为王，用户消费选择权及话语权愈加增强。"人"的数字化是识别、了解、运营用户，实现商业变现的必要途径。

全球零售快消行业在日益激烈的竞争环境下，越来越注重数据治理和数据血缘。数据治理和数据血缘是确保数据质量和数据安全的关键，也有助于提高业务效率和决策质量。下面将介绍几个在数据治理方面做得比较好的全球零售快消行业企业，并探讨它们是如何应用数据血缘工具的。

13.1　大型零售商沃尔玛

沃尔玛是在全球拥有超过 11000 家商店。沃尔玛非常注重数据治理和数据血缘，早在 2013 年就建立了自己的数据血缘工具——“Data Pipeline”。Data Pipeline 解决了以下几个问题。

- **数据追踪与分析：**沃尔玛使用数据血缘来跟踪和分析其各个部门和业务线的数据流动，以了解数据来源、处理方式和使用情况。这有助于沃尔玛更好地管理和利用其海量数据，帮助业务人员更好地理解数据。
- **数据质量管理：**沃尔玛使用数据血缘来跟踪数据的来源、变化和使用情况，以确保数据质量和可信度。如果数据出现错误或异常，沃尔玛可以追溯到数据的源头和变化历史，以便及时发现和纠正问题。
- **遵循合规标准：**沃尔玛使用数据血缘来满足合规性要求，例如 GDPR 和 CCPA 等数据隐私法规。通过跟踪数据流动和变化，沃尔玛可以确保数据的合法性、合规性和安全性。
- **帮助业务决策：**沃尔玛使用数据血缘来帮助业务决策。通过追踪和分析数据的流动和变化，沃尔玛可以识别业务流程中的瓶颈和问题，并根据数据血缘分析结果提出优化建议，提供决策支持。

13.2　西班牙快时尚零售商 Zara

Zara 是一家西班牙快时尚零售商，它以快速的周转时间和快速响应不断变化的时尚趋势而闻名。该公司一直使用数据血缘来管理大量数据，确保数据可供所有利益相关者访问。

Zara 的数据血缘建立在“数据社区”的概念之上，“数据社区”是指在特定数据领域拥有共同利益的利益相关者群体。社区包括产品设计师、买家、供应链经理和营销团队等。每个社区都有责任定义对应领域的重要数据，并确保其准确、完整和一致。

Zara 成立了一个集中式数据治理团队，负责监督数据社区并确保社区成员遵守既定的数据标准和流程。该团队还负责监控数据质量并确定可以改进的领域。

Zara 的数据血缘使公司能够快速响应不断变化的时尚趋势和客户偏好。通过清楚地了解客户数据，Zara 可以快速调整其产品和营销活动，以满足客户不断变化的需求。

展望篇

数据血缘技术在近些年越来越普及。无论是开发人员或者产品经理甚至业务部门，对于数据血缘的需求都越来越旺盛，本篇将结合数据智能、人工智能、区块链技术展望数据血缘技术未来在数据隐私，模型开发以及智能决策上的应用。我们大胆地预测，数据血缘将会结合更先进的技术，获得更广阔的应用场景。

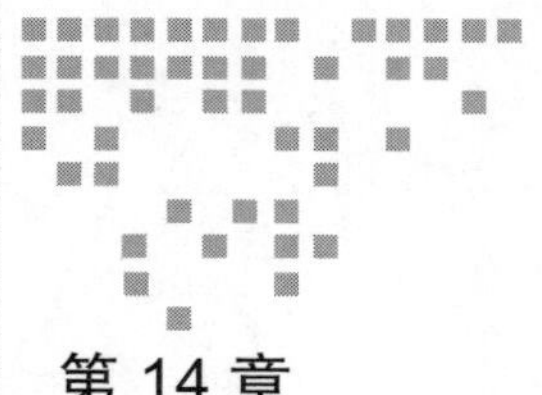

Chapter 14

第 14 章 未来展望

随着数据量的不断增加和数据的复杂性不断提高，数据血缘作为一种数据管理方法将会在数据治理中扮演更加重要的角色。以下是数据血缘未来发展的几个方向。

- **自动化程度将达到 100%**：传统的数据血缘技术需要人工维护和更新，这一过程十分烦琐且容易出错。未来，数据血缘技术将越来越智能化，通过自动化的方式获取、跟踪和记录数据流转的过程，从而减少人为干预，提高数据的准确性和可靠性。随着机器学习和自动化技术的发展，数据血缘的收集和管理将变得更加自动化。这将使数据科学家和分析师能够更快地获取和利用数据血缘信息，从而提高工作效率，未来甚至可以达到 100% 自动化采集数据血缘并进行管理。
- **可视化方式层出不穷**：通过可视化，数据科学家和分析师可以更加直观地了解数据流动的路径和过程。同时，可视化还可以帮助他们更快地发现数据中的异常。
- **跨平台成为常态**：数据血缘将不再局限于单一的平台或工具。未来，数据血缘将会跨越多个平台和工具，从而更好地支持数据的整个生命周期。数据血缘技术将更加注重开放性和互操作性，与其他数据管理技术和系统实现无缝连接，从而更好地满足用户的需求，适应数据管理的复杂性。
- **安全性更加重要**：随着人们对数据隐私和安全性的关注度不断提高，数据血缘的安全性将成为保证数据安全的重要手段。未来，数据血缘技术将更加关注数据的安全性和隐私保护，通过对数据流转过程的监控和记录，及时发现和解决潜在的安全问题，保护用户的隐私不被泄露。
- **应用场景进一步拓展**：数据血缘技术在数据治理、合规性管理、数据质量控制等领域已经得到广泛应用。未来，随着数据的不断涌现和应用场景进一步拓展，数据血缘技术将在更多的领域得到应用，如智能制造、智慧城市、智慧金融等。

- **面向全生命周期实现数据管理：** 数据血缘技术将不再仅关注数据的产生和使用环节，而是从数据的整个生命周期入手，包括数据的采集、清洗、转换、存储、分析和使用等环节，从而实现全方位的数据管理。

总体来说，未来数据血缘将趋向自动化、可视化、跨平台和安全性，这将有助于更好地管理和利用数据，并为数据科学家和分析师提供更好的工作体验。

14.1 数据血缘与数据智能的结合

数据血缘和数据智能是两个不同但相关的概念。数据血缘指数据的来源、转换和使用的历史记录，可以帮助数据专业人员追踪和理解数据的变化过程，以及确定数据的质量和可靠性。数据智能指利用机器学习、自然语言处理等技术分析和理解数据，提取有用知识和信息。

数据血缘结合数据智能可以带来多方面的好处。

- 数据血缘可以提供数据的历史记录和变化过程，帮助数据科学家和工程师更好地理解数据的背景和含义。同时，结合数据智能技术，可以从数据中自动提取关键信息和知识，提高数据的利用价值和质量。
- 数据血缘结合数据智能可以帮助企业建立数据治理体系并确保其合规性、安全性和隐私性。通过追踪数据的来源和使用过程，企业可以更好地管理数据，并遵守相关法规。
- 数据血缘结合数据智能可以提高数据的可追溯性和可重复性。数据科学家和分析师可以使用数据血缘和数据智能技术来追踪和重现数据处理过程。

14.2 数据血缘与数据隐私的平衡

数据血缘和数据隐私是数据管理和分析中两个重要的方面。数据隐私是指保护个人和机构的敏感数据不被未经授权的人访问、使用或泄露。

在数据管理和分析中，数据血缘和数据隐私之间需要进行平衡。如果数据隐私得到保护，可能会导致数据血缘的缺失，从而降低数据的价值和可信度。反之，如果数据血缘全部保留，可能会导致数据隐私的泄露，从而违反法律法规，损害个人和机构的利益。

为了实现数据血缘和数据隐私之间的平衡，可以采取以下措施。

- **数据分类**：将敏感数据与非敏感数据分开存储和管理，避免敏感数据的暴露和泄露。
- **数据脱敏**：对敏感数据进行脱敏处理，例如去标识、加密等，保证隐私数据的安全。
- **访问控制**：建立访问控制机制，只有授权人员才能访问敏感数据，避免未经授权的访问和使用。
- **数据追踪**：建立完整的数据追踪机制，保留数据血缘信息，同时对数据进行监测和审计，及时发现和处理异常情况。
- **法律合规**：严格遵守法规和伦理标准，对数据进行合法合规使用和处理，避免违反隐私保护法规和道德规范。

通过对以上措施进行综合应用，可以实现数据血缘和数据隐私的平衡，既保障数据的完整性和可信度，又保护个人和机构的隐私权益。

14.3 数据血缘在人工智能中的应用

数据血缘在人工智能中具有重要的应用价值，主要包括以下几个方面。

- **提高模型可解释性**：人工智能模型的可解释性是指能够理解和解释模型的决策过程和结果。数据血缘可以帮助分析人员追溯和理解模型的输入数据和处理流程，从而增强模型的可解释性。
- **进行故障排查**：当人工智能模型出现故障时，数据血缘可以帮助分析人员追踪和排查故障的原因和来源。例如，通过追溯数据的来源和传输路径，可以发现数据质量问题或者数据损坏问题。
- **提高数据治理的有效性**：数据血缘可以帮助管理人员了解数据的来源、传输和处理过程，从而加强数据治理的有效性。例如，可以对数据的质量、完整性和一致性进行监测和控制，以确保数据的准确性和可靠性。
- **让模型监测更有效**：人工智能模型的监测是指定期或实时监测模型的表现和性能。数据血缘可以帮助监测人员追踪模型输入和输出数据的变化和演化，从而实现模型的有效监测和调整。
- **提高安全性和隐私性**：数据血缘可以帮助识别和排查人工智能系统中的隐私和安全漏洞，防止数据泄露和滥用。例如，可以追溯和记录访问敏感数据的人员和时间，以便发现并防止数据泄露行为。

14.4　数据血缘在模型开发和模型审计中的应用

在模型开发和模型审计中，数据血缘可以用于以下方面。

- **数据预处理**：在数据预处理阶段，通过建立数据血缘关系，可以追踪每个数据的来源，以及数据清洗和转换过程，从而保证数据的质量和一致性。如果出现数据异常或错误，则可以快速追踪到具体数据的来源和处理过程，这有助于排查问题。
- **特征工程**：特征工程是构建机器学习模型的关键步骤之一。通过建立数据血缘关系，可以追踪每个特征的来源、构建过程和应用场景，从而确保特征的准确性和有效性。如果特征存在问题，可以快速追踪到具体特征的来源和构建过程，有助于优化特征工程流程。
- **模型开发**：在模型开发过程中，数据血缘可以帮助开发人员追踪训练数据集和测试数据集的来源和处理过程，确保数据的正确性和一致性。如果模型的表现出现问题，可以通过数据血缘追踪到具体的数据集和处理过程，有助于快速定位问题。
- **模型审计**：在模型审计过程中，数据血缘可以帮助审计人员追踪模型的训练数据、测试数据和验证数据的来源和处理过程，确保数据的正确性和一致性。如果模型出现问题，则可以通过数据血缘追踪到具体的数据集和处理过程，这有助于快速定位问题，并且可以确保审计人员能够理解模型的训练和测试过程。

总之，数据血缘可以帮助开发人员和审计人员更好地理解、掌握数据和模型的整个生命周期，从而提高数据和模型的质量和可靠性。

14.5　数据血缘在模型解释和模型可解释性中的应用

在机器学习和深度学习等领域，模型解释和模型可解释性是非常重要的问题。数据血缘技术可以在这些领域中发挥关键作用，主要包括以下几个方面。

- **模型解释**：模型解释是指解释模型中的每个组件或特征对模型输出的贡献。数据血缘技术可以跟踪和记录数据的流转过程，从而可以识别模型中所使用的数据和特征，并解释它们如何影响模型的输出。
- **模型可解释性**：模型可解释性是指能够理解模型如何做出决策的能力。数据血缘技术可以跟踪和记录模型的输入和输出，从而可以分析模型决策的依据和过程，并提高模型的可解释性。
- **模型优化**：数据血缘技术可以帮助发现模型中的数据和特征的质量问题，并追踪到数据的源头，以便及时修复和优化模型。

- **数据探索**：数据血缘技术可以跟踪和记录数据的流转过程，从而可以识别数据的来源和关系，从而更好地理解数据的含义和价值。

14.6 数据血缘在智能决策中的应用

数据血缘技术在智能决策中可以帮助组织更好地理解和管理其数据，主要包括以下几个方面。

- **数据可靠性评估**：数据血缘技术可以追踪和记录数据的来源和流转过程，从而可以评估数据的可靠性和信任度。在智能决策中，这可以帮助组织识别和排除数据质量问题，并提高决策的准确性和可靠性。
- **决策过程追踪**：数据血缘技术可以记录数据在决策过程中的使用情况，从而可以追踪决策的依据和过程。在智能决策中，这可以帮助组织识别决策中的瓶颈和优化点，并提高决策的效率和质量。
- **风险评估和管理**：数据血缘技术可以跟踪和记录数据的流转过程，从而可以识别数据中的风险因素。在智能决策中，这可以帮助组织评估决策的风险和潜在影响，并制定相应的风险管理策略。
- **决策可视化**：数据血缘技术可以提供决策过程的可视化展示，从而可以更好地理解和解释决策的依据和过程。在智能决策中，这可以帮助组织更好地理解决策的意义和影响，并提高决策的透明度和可信度。

14.7 数据血缘与区块链的关系

区块链是一个“去中心化的数据库”，它具备数据一旦上链就难以篡改、难以撤销的特点，这极大地增强了数据的可信性。区块链这个“信任机器”通过降低信任成本促进数据商业价值的发掘，它与其他数字化工具和技术相结合，可逐渐改变整个经济形态。

从商业和经济的角度看，当特定领域的成本大幅度下降以后，商业模式和经济模式都会被改变。互联网、物联网、人工智能、区块链的出现，帮助我们大幅降低了数据的收集、处理、信任的成本，从而加速了数字化的进程。

14.7.1 数据的确权问题

区块链技术使得数据不仅可以做到无法篡改，同时能与上下游充分共享，并且在共享的前提下，保障数据主权的有效行使。

我们在做数据治理的过程中，往往是对内部数据进行治理。可是对于共享到外部的数据，我们会产生疑问：数据被储存在哪里了？我的数据得到妥善保护了吗？商业机构用我的数据创造了价值，是不是应该将这些价值分享给我？

所以，数据要真正实现价值，就必须把其变成资产。如果数据不是作为资产进行管理，那么数据就无法进行交易、定价，贡献数据以后也无法获得应该得到的回报。因此，**数据资产化是数据交易的基础，而数据资产化的前提是数据的确权。**

但是值得注意的一个问题是，数据在企业内部确权后，与外部进行数据交易共享是一件非常棘手的事情。举个例子，科学家如何获得 1 万个特殊病人的病例？首先，这些数据基本上不可能集中在一两家医院里，因此要协调多家医院来贡献数据，但这是一件十分困难的事情。其次，在现有的模式下，征求如此多的病人的同意和授权，也是成本很高的事情，而且病人也会担心隐私泄露。

再举一个例子。地产公司在前期拿地的过程中，往往会花很多钱去找不同供应商购买外部数据（例如土地、交易、人口等相关的宏观数据），通过收集这些外部数据并进行数据分析，来辅助判断土地的投资测算情况。而这些数据的权属和价值分成又该如何判定呢？

我们可以用区块链技术建立分布式的人工智能平台，从而脱离我们对中介机构的依赖，通过智能合约和隐私计算等技术，结合激励机制，鼓励大家将隐私数据贡献出来，让需求方计算得出相应的结果，而智能合约会负责相关的利益分配。这种情况下，实际上就不需要所谓的数据供应商了，而是通过整个数据链条提供相关方所需的数据。

14.7.2 数据的经济特征问题

首先我们要明确的是，数据作为资产进行管理，是体现数据价值的必然选择。而数据价值的呈现是具有很强的技术特征和经济特征的，这涉及数据 – 信息 – 知识 – 智慧的转换过程。

相比于数据的技术特征，经济特征是很难描述与衡量的。在数据管理过程中，对数据价值进行量化也是非常笼统的，原因是数据兼有商品和服务的特征。一方面，数据可存储、可转移、可积累，在物理上不会消减或腐化，类似于商品；另一方面，很多数据是无形的，类似于服务。

另外，我们还需要思考一个问题。如果企业将部分有价值的数据（例如财务报表）进行披露，那这类数据实际上具备非排他性，也就是说大家都能看到。但是如果企业将自己的核心生产数据（例如生产配方）采取付费形式披露，那这类数据就具备排他性。从这个角度思考，数据的经济特征不尽相同。

所以很多文章把数据比喻为新经济的“石油”，这个比喻实际上并不准确。因为石油是具有排他性的，产权可以清楚界定，作为私人产品形成了现货和期货等复杂的市场交易模式。而很多数据难以清晰界定所有权（例如气象数据、国家宏观数据等），作为公共产品或准公共产品难以有效参与市场交易。

14.7.3 数据的价值测量问题

在测量数据的价值时，会发现有几个问题：同样的数据对不同的人来说价值大相径庭；不同人所处的场景和面临的问题不一样，同一数据对他们的作用也不一样，例如在企业中成本中心的专属数据未必对其他中心有价值；数据具有很强的时间价值，例如有一些政策性数据，现在可能没有用，但具备期权价值，有助于提升未来的企业价值。

通过以上 3 点，我们就会发现对数据价值进行量化是一件非常困难的事情。目前主流的测量方式有以下几种。

1）**成本法**：按照获取成本来估算数据价值。但是很显然，实际使用过程中产生的价值未必比成本低。

2）**收入法**：评估数据对企业内部的影响，预测由此产生的未来现金流，再将未来现金流折现到当前。但这种测算方式，需要很完善的测算模型，一般情况下企业都会望而却步。

3）**市场法**：以数据的市场价格为基准，评估未在市场交易的数据的价值。这种测量方式一般由数据供应商提供，主要面向一些外部数据。但很多数据是具有非排他性的或非竞争性的，很难参与市场交易的定价。

使用区块链技术解决上述问题主要体现在以下几个方面：

- 区块链可以解决数据的可信问题。作为分布式账本，它具有只能增加、不可删除、不可篡改、不可回滚的特点，可以确保链上原生数据的可信度。
- 区块链的链式结构具有可存证、可溯源、可审计、可定序等特性，可以很好地给数据产权确权。
- 价值交换。数据的交换和共享，核心在于价值交换。区块链上的智能合约，能够为分布式、点对点的数据要素市场提供强大的价值交换工具。
- 价值分配。在一个分布式、点对点的数据要素市场中，如何让相关各方在没有中心化担保方的情况下，信任各利益相关方的承诺，并且不增加构建这种信任关系的成本？这时可编程的数字货币就能够发挥作用了，可编程的数字货币加上智能合约使得交易具有不可人为操控的特性，一旦触发事前约定的条件，任何人都无法反悔。

虽然目前区块链技术仍然是在探索研究的阶段，技术实现和市场运营模式仍有待提升和完善。但我们有理由相信，这一技术将成为数字化时代引发变革的有效利器，从而也能促进数据治理的相关发展。区块链技术未来对数据血缘的影响主要体现在以下几个方面。

- **数据可追溯性增强：**区块链技术使用链式结构记录数据，每个区块都包含了前一个区块的哈希值，从而形成了一个不可篡改的数据链。因此，使用区块链技术可以帮助提高数据可追溯性，保证数据的完整性和准确性，从而更好地管理数据血缘关系。
- **数据可信度提高：**区块链技术可以记录数据的历史变更，从而实现数据的追溯和审计，而数据血缘技术可以进一步增强数据的可追溯性，以确保数据的来源和变更历史可信。通过应用数据血缘技术，可以更好地跟踪数据在区块链中的流转和变更，从而提高数据的可信度。区块链中每一笔交易都有一个唯一的数字签名，这个数字签名可以被用来追溯数据的来源，以及对数据进行的任何修改。这种数字签名技术可以防止数据被篡改或伪造，因此提高了数据的可信度。
- **数据安全性提高：**区块链技术使用密码学算法保证了数据的安全性和隐私保护，每个用户都拥有一个私钥和公钥，私钥只有用户自己知道，从而保证了数据的安全性。同时，区块链技术可以防止数据被篡改和删除，从而保证了数据的完整性和可信度。而数据血缘技术可以帮助跟踪和管理数据的使用和共享，从而更好地保护数据的隐私。通过应用数据血缘技术，可以更好地控制数据的使用和共享，防止数据被滥用和泄露。
- **数据共享和协作更加便捷：**区块链技术支持多个节点的数据共享和协作，从而实现了更好的数据管理和分析，特别是在跨机构的数据共享和协作方面具有很大的潜力。同时，区块链技术也支持智能合约的应用，可以帮助实现更加高效和安全的数据共享和交换。

Postscript 1 后记 1

数据血缘救赎之路

在我看来，绝大部分企业常用的传统管理软件，例如 ERP、CRM 等，运行逻辑就是"输入数据"—"加工数据"—"输出数据"。如何高效地输入数据是第一步，可以采用 OCR 自动识别、采集数据或者通过各类接口自动取数等。针对录入的数据，我们按照算法进行加工处理，最后形成各类 BI 看板。实际上，数据在整个环节中起到的是基础支撑作用，没有数据，系统就没有办法运行。

我第一次接触数据相关的工作，是在一家大型央企做主数据项目，当时对主数据一无所知。后面经历了系统上线、期初数据收集、历史数据清理、下游系统数据调整等工作。在那片数据的汪洋大海中，那种扑面而来的"窒息感"让我至今难以遗忘。

数据不会说谎，如果它错了就一定是人出了问题，我们必须找到原因并改回来，但是数据究竟是对还是错，这个判断往往又局限于我们对数据的认知。所以，有时我们会觉得数据带有很大的欺骗性。《精益数据分析》这本书曾经提到：2013 年 4 月 15 日，埃里克·莱斯在 Twitter（现已更名为 X）上的粉丝数刚刚超过 10 万，他发了一条推文以示庆祝，其中提到的 vanity metrics 说的就是"虚荣指标"，也就是带有欺骗性的数据。我们可以看到，某些明星的微博粉丝数非常高，但是如果我们一味地通过粉丝数来判断这位明星是否受欢迎，真的对吗？"虚荣指标"往往会欺骗我们的眼睛，所以，到底真实的情况是怎样？我们迫切需要一项技术来揭开它真正的面纱。后面我又慢慢地了解了 DAMA 的数据治理体系，数据管理相关的名词、知识理论让我眼花缭乱。我开始觉得，我并不了解这么多年工作中接触的"数据"。

在我做过的绝大部分数据相关的项目里面，我觉得最难的是两个事情：发现错误数据和把错误数据改成正确的。没错，看起来最简单直接的两件事情往往是最复杂的。首先，如何定义数据的错误和正确在企业内部往往涉及业务场景以及对应的管理问题。其次，即便是我们明确了判断数据的正确与否的标准，也需要从上至下分析一遍才能发现错误数据（手工完成这个过程，还是自动完成这个过程，这是摆在所有数据人面前的一道必答题）。最后，最为棘手的便是发现了错误数据，要改正数据却无从下手，因为这些错误数据已经成为既定事实（产生了账单，完成了审批等）。

我们常常会组织业务方向的同事导出系统数据，人工对 Excel 中的数据进行核对和修改。大多数业务人员都曾对我说："成老师，这什么时候是个头啊？"我就会想，到底有没有一个技术能够提升效率，最好自动化解决数据质量核对的问题？

从本质上说，随着数据量和数据复杂度的不断增加，如何对数据进行管理和分析已经成为一个重要的问题。在数据管理和分析过程中，了解数据的来源、流向和变化历史对于确保数据质量至关重要。这就需要使用数据血缘技术来跟踪数据的流动，保证数据的可追溯性和透明性。

数据血缘技术在我看来，是一项普遍通用的技术。但是如何运用，尤其是在这个技术日益迭代更新的时代，如何结合最新的技术去完善该技术，是值得思考和挖掘的地方。虽然数据本身可以依托技术进行提效，但是我喜欢曾国藩的"结硬寨、打呆仗"原则。我认为数据质量管理是一件无法投机取巧的事情。我个人认为数据质量问题典型代表如下。

- 数据到底有没有人用？用得怎么样？银行业对于数据准确性的要求之高毋庸置疑，核心原因就是有人用，且质量第一优先级。那么如果企业内部将成本、进度放在质量前面，这种情况下再要求 100% 的准确率，确实是强人所难，但是成本、进度、质量这三点也并非无法完全平衡，我们要学习抓重点，我们要明确，重点管理和关注的只是正在使用甚至是高频率使用的数据。但是若需要全都兼顾，怎么办？
- 质量标准到底在哪里？作为非黑即白的系统来说，评判数据质量的标准到底是什么？这个问题与系统无关、与技术无关，与我们的实际业务、管理方式有关。
- 已经产生数据错误，该怎么办？把错误数据改正确，是需要考虑成本的问题，例如基于错误的数据已经产生了各种各样的业务单据，改完数据就要把所有单据重新录入一次。若是这些工作都由人工完成，那工作量会非常大。但若是必须重新录入，怎么办？

数据血缘技术在一定程度上能解决上述问题，但仅指望这一项技术就彻底解决上述问题，难度也很大。最矛盾的一个点在于，人们对数据的敏锐与熟悉程度，是技术无法实现的。资深的业务人员或者 IT 人员，之所以能贴近业务场景，很大一部分原因是不过分依赖技术。

我们希望通过本书，让大家不仅了解数据血缘这个技术对于数据管理的价值，更重要的是学会应用它，从而建立对数据管理的意识和整个体系。这样才能有效推动数据治理，让数据质量不再成为大家头疼的问题。

成于念

后记 2 Postscript 2

从 ERP 咨询到数据治理

刚毕业时最先接触到的是 SAP 管理软件，在实施 SAP 项目的过程中，SAP 强大的逻辑管理思维让我沉浸其中，犹如置身于一片汪洋之中。当时，我对这个强大的系统只有粗浅的理解。随着参与众多 500 强企业的项目，我逐渐掌握了这些项目实施方法的标准化流程，包括调研需求、数据初始化、蓝图方案编制、系统开发、系统部署等环节。其中，数据初始化给我留下了深刻的印象。在上线前期，我们需要培训用户、收集业务数据，并通宵达旦地清理数据。一家企业的数据初始化工作量是巨大的，需要数百名用户和顾问的参与。

2013 年，在一家 500 强企业的信息化工作中，我作为咨询顾问，与一位关键用户讨论数据清理方案时，他提出了一个有关自动化对应关系的思路。这个思路启发了我，随着接触的项目越来越多，我逐渐体会到了数据血缘的重要性。

后来，我接手数据治理工作，致力于主数据和元数据的建设工作。我们多次遇到了数据源调整的问题，当数据源发生变化时，下游系统会受到较大影响。为了解决这个问题，我提出了“数据血缘评估方法”，通过自动化采集的方式形成各系统的数据血缘关系，以便快速定位和评估数据变化对下游系统的影响。这个方案最终得到了团队和领导的认可，成功满足了数据管理需求。

2023 年 3 月 7 日下午，一则重磅消息传来：组建“国家数据局”。这一举措意味着国家对数据管理的重视程度日益提高，也将促使企业更加关注对数据价值的挖掘。随着 ChatGPT 的横空出世，我们这些普通人也终于真正感受到了数据的魅力所在。ChatGPT 有了强大的算力支撑和海量数据的积累，才能如此“善解人意”，准确地满足提问者的需求。

各位数据同人，我们有幸处于数据行业的时代风口，无论是个人、企业还是国家，都面临着长期的挑战。我们应该积极探索，勇于突破创新，投身于数据大浪潮中，为国家的数据发展贡献自己的力量。

我很荣幸能够以文字的方式，与大家分享数据血缘的建设与应用之路。虽然这不是唯一的解决方案，但我希望它能激励大家开拓思维，勇于创新，并在工作中积极实践，体现自己的价值。未来的职业之路将会越来越宽广，让我们共同努力，创造美好的明天！

赛助力